"十四五"普通高等教育本科部委级规划教材

MAOSHAN KUANSHI SHEJI

毛衫款式设计

邓洪涛 徐利平 编著

中国纺织出版社有限公司

内 容 提 要

本书为"十四五"普通高等教育本科部委级规划教材。

本书从适应毛衫专业方向人才培养的教学需求出发，介绍了校企合作毛衫款式设计项目的特点、过程和任务，并分成五个具体项目进行阐述，包括毛衫款式设计调研的基本内容与方法、获取设计灵感与规划主题、毛衫整体造型的设计方法、色彩运用以及毛衫装饰设计。本书图文并茂、通俗易懂，兼顾知识的系统性和项目的实用性。

本书既可作为高等院校服装专业课程教材，亦可作为服装行业领域参考用书。

图书在版编目（CIP）数据

毛衫款式设计 / 邓洪涛，徐利平编著 . -- 北京：中国纺织出版社有限公司，2022.6

"十四五"普通高等教育本科部委级规划教材

ISBN 978-7-5180-9559-9

Ⅰ.①毛… Ⅱ.①邓… ②徐 Ⅲ.①毛衣 – 服装设计 – 高等学校 – 教材 Ⅳ.① TS941.763

中国版本图书馆 CIP 数据核字（2022）第 087542 号

责任编辑：魏 萌 郭 沫　责任校对：王花妮
责任印制：王艳丽

中国纺织出版社有限公司出版发行
地址：北京市朝阳区百子湾东里 A407 号楼　邮政编码：100124
销售电话：010—67004422　传真：010—87155801
http://www.c-textilep.com
中国纺织出版社天猫旗舰店
官方微博 http://weibo.com/2119887771
北京通天印刷有限责任公司印刷　各地新华书店经销
2022 年 6 月第 1 版第 1 次印刷
开本：787×1092　1/16　印张：14.5
字数：292 千字　定价：59.80 元

前言

PREFACE

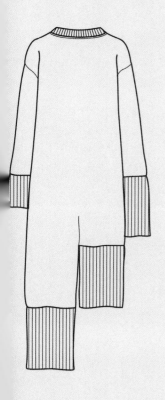

近年来，毛衫以其手感柔软、富有弹性和轻便舒适等优良特性，逐渐成为人们日常穿着中不可或缺的服装品类。同时，在服饰时尚化、消费品牌化的当下，随着各种新材料、新设备和新技术的不断涌现，毛衫呈现多元化、个性化、时尚化以及系列化的发展态势。因此，高素质的款式设计与工艺方面的人才在毛衫行业发展中显得尤为重要。

为了更好地适应毛衫专业方向人才培养的教学需求，毛衫款式设计课程采用校企合作项目化教学模式，我们为本教材设置了六个部分，包含五个项目的教学内容。第一部分是项目任务综述，介绍了校企合作毛衫款式设计项目的特点、过程及任务；第二部分是关于毛衫款式设计调研的基本内容与方法；第三部分是获取设计灵感与规划主题；第四部分是通过对毛衫造型拆解式的理解，使学生掌握毛衫整体造型设计的方法；第五部分是让学生学会配色与色彩的主题运用，合理把握品牌服装设计中的用色方法；第六部分是使学生在实践中能够针对不同的产品开展毛衫的装饰设计。各项目在毛衫款式设计理论体系的基础上结合企业产品开发流程展开，理论知识部分图文并茂、通俗易懂，同时配备了课后练习，力求兼顾知识的系统性和项目的实用性，既可作为高等院校相关专业教材，也可供服装行业的相关人士使用。

本教材由嘉兴学院邓洪涛和徐利平两位老师共同编著。在编写过程中，得到了课程项目合作企业梦迪集团有限公司、POP服装趋势网，以及多位同学的大力支持和帮助，得到嘉兴学院时尚产业产教融合省级培育项目资助（002CD1904-3-101，002CD1904-11-2018111）。同时，本教材也参考了一些书刊上的文献资料，在此一并表示衷心的感谢和敬意！由于编著者的水平和经验有限，书中难免有不足和疏漏之处，敬请行业内各专家、学者和读者批评指正。

编著者

2021年12月

目录
CONTENTS

项目任务综述

2

项目一：
毛衫款式设计调研

项目二：
获取设计灵感与规划主题

项目三：
造型设计

项目四：
色彩设计

项目五：
装饰设计

项目任务综述

1.1 认知设计

1.1.1 设计的定义

《百科全书》对"设计"的基本界定是：给一个事物、一个系统制订演绎基础的计划过程。

人类通过劳动改造世界，创造文明，创造物质财富和精神财富，而最基础、最主要的创造活动是造物。设计便是对造物活动进行预先的计划，任何造物活动的计划技术和计划过程都可以理解为设计。

"设计"一词同时具有名词和动词的属性，也就是说，设计既指应用艺术范畴的活动，也指工程技术范畴的活动。动词的"设计"一般指对产品、结构、系统的构思过程，而名词的"设计"则指具有结论的计划，或者是执行这个计划的形式和程序。

设计作为连接物质文明和精神文明的桥梁，在创造理想的人、自然、社会的过程中起着重要作用。传统的设计分类基本上源于人、自然、社会的三角关系。如图1-1所示，三条边对应三大领域：人与自然的关系派生出产品设计，人与社会的关系是视觉传达设计，而自然与社会的关系则是空间与环境设计。

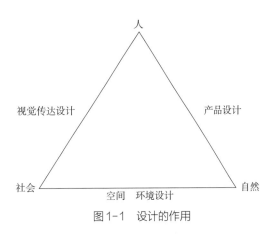

图1-1 设计的作用

设计在许多领域都有应用，常见的有

视觉传达设计、产品设计、空间环境设计和综合设计四大类。正因为设计包含的范围非常宽广，因此在使用设计这个词时往往会加上前缀，如服装设计、环境设计等，以此具体地界定设计的领域，以便在遵循一般设计规律的同时，有针对性地开展不同领域的设计。

1.1.2 设计的特点

1.1.2.1 功能性

设计的功能性主要指产品为了实现其目的而具有的基本功能（或使用价值），包括物理功能、生理功能、心理功能和社会功能。设计的功能性原则，体现了人类务实、理性的精神，也是"以人为本"的折射。功能性原则一方面要求设计要达到高效、简便、安全、舒适等，满足人类的使用目的；另一方面要求设计要多样化，从单一功能向多功能开发。

1.1.2.2 审美性

设计以审美性为支撑。设计的审美性始终贯穿于产品本身，并支撑着产品的发展，包括造型美的感受能力，事、物、情的感受能力，美感与诗意的结合能力，以及由此开拓的技术等。满足人们物质需要的产品必须具备审美性，达到实用性与审美性的完美统一。

1.1.2.3 经济性

所谓设计的经济性，是指设计师要考虑到经济核算问题，在一般情况下，力求以最小的成本获得最适用、美观和优质的设计。设计与社会经济关系的本质是精神与物质的关系。艺术设计是提高经济效益和市场竞争的根本战略和有效途径。设计促进了社会经济的发展，社会经济的发展也造就了设计的繁荣。

1.1.2.4 艺术性

现代设计是艺术与生产的再结合。传统社会的艺术、技术和手艺混而不分。在西方，艺术和技术几乎同时从手艺中分化出来，前者归属于一套注重个人情感表达的美学，后者隶属于一套成系统的科学。在中国，艺术和手艺的分化早于西方，但技术和手艺的分化却迟至明清两代才初见端倪。

1.1.2.5 科学性

科学技术是第一生产力，生产工具的改进和创新，新的劳动对象的发现和利用，新的工艺流程的设计以及生产管理水平的提高等，均须依赖科学技术的发展。

1.1.2.6 大众性

现代社会，设计牵涉我们每个人的日常生活，人人都可参与设计。设计的出发点和目标在多数时候是为了服务大众。

1.1.3 设计的步骤

现代设计是因为工业化而产生的，与传统手工艺设计的精雕细刻，依靠记忆、传承来设计的方式不同，设计是整个生产过程中的一个环节，讲究步骤、方法、程序以及市场定位的准确性。

从本质上说，设计是一个问题求解的过程。从问题出发，并围绕问题展开各项活动。不同类型的设计其内容和规模千差万别，但从设计的程序和步骤上看却有着许多共性，基本的思考方法、规划方式、设计步骤均比较接近。

归纳起来，"设计"主要包括发现与明确问题、制订设计方案、实施设计方案等步骤（图1-2）。当然，具体到不同的设计个案，可以根据设计项目的具体情况而定。

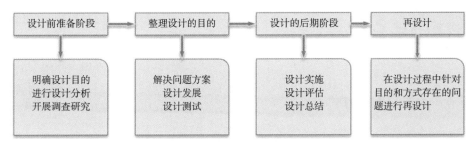

图1-2 设计的一般步骤

1.1.4 品牌服装设计流程

服装设计开发流程是服装企业核心业务流程的一种，是指在服装企业内围绕新产品开发而展开的一系列活动及其各活动环节之间的相互关系。这一过程是从各种信息资源和顾客需求调研开始，经产品设计构思、产品样品制作，取得市场信息反馈，最终获得产品定型，其中包括穿插在整个过程中的沟通、调整与决策环节。

在整个服装产业当中，毛衫是一个细分的品类。目前毛衫产业的竞争越来越激烈，除了同行之间的竞争外，全系列化运作的服装品牌由于具有品牌优势，它们作为重要品类的毛衫，其销售状况也往往优于单品类的毛衫企业的产品。因此，近年来随着我国"创新型国家"建设的提倡，"品牌建设"成为许多毛衫企业转型升级的抓手，品牌毛衫设计也应运而生。

品牌毛衫设计是指以品牌经营理念为指导思想，以设计出符合品牌运作要求为目的的毛衫产品开发活动。其设计过程与一般服装的流程基本一致，从收集各种信息资源和调查顾客需求开始，制订相应的商品企划、视觉营销方案，确定季节主题，制订设计企划方案，并设计出款式。图1-3中每一个环节都包含各自具体的工作内容。

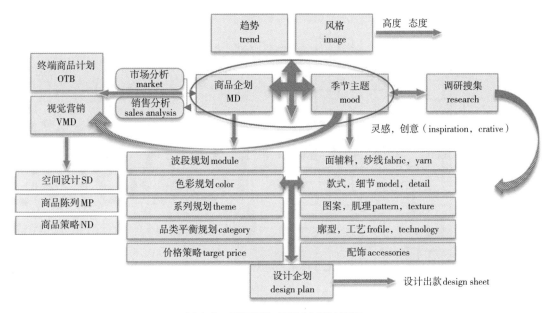

图1-3 品牌服装（毛衫）设计流程

1.2 认知毛衫

1.2.1 毛衫与毛衫款式

毛衫是指用羊毛、羊绒、兔毛等动物毛纤维或毛型化纤纱直接编织成形的针织服装，具有质地柔软、吸湿透气、弹性和悬垂性好、穿着舒适等优点。

针织与机织的区别是纱线在织物中的形态不同。由于织造方法的不同，二者的组织结构不同，最终形成外观、质地、手感、悬垂性、保暖性等方面的差异。

机织物的基本单元是由两条或两组以上相互垂直的纱线，以90°角作经纬交织形成的组织点，所以有经纬两个方向。针织物是由纱线或长丝顺序弯曲成线圈，而线圈相互串套而形成织物，其基本结构单元是线圈（图1-4）。

针织物与机织物由于编织方法的不同，在加工工艺、布面结构、织物特性和成品用途等方面都有自己的独特之处。针织物因线圈是纱线在空间弯曲而成，而每个线圈均由一根纱线组成，线圈的高度和宽度在不同张力条件下可以互相转换，因此针织物的延伸性大。同时因针织物是由孔状线圈形成，有较大的透气性，手感松软。针织物通常应用于卫衣、T恤衫、运动装、毛衫等。机织物只是在经纱与纬纱交织的地方有些弯曲，其经、纬纱延伸与收缩关系不大，也不发生转换，因此织物一般比较紧密，挺硬。适合做衬衫、西服、羽绒服及牛仔服等。

随着生活节奏的加快和生活水平的提高，人们在衣着上更加追求吸汗透气、造型简约以及宽松舒适。毛衣柔软轻松，具有良好的延展性、保暖性、透气性、悬垂性以及吸湿性等特点，因此毛衫在整个服装领域中占有越来越重要的地位，既可内穿也可当作外衣穿用，男女老幼皆宜，深受广大消费者的青睐。

如今，毛衫正向外衣化、系列化、时装化、艺术化、高档化、品牌化方向发展。现代毛衫几乎涵盖了服装的上衣、外套、裙装、裤装和套装等所有品类，包括套头衫、开襟衫、背心、马甲、夹克、背心、

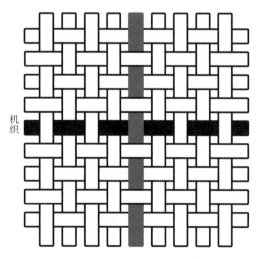

机织

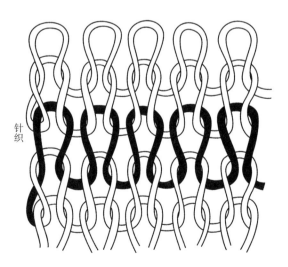

针织

图1-4 针织物与机织物基本结构比较

连衣裙、礼服裙、半身裙、长裤、连身裤等（图1-5~图1-8）。

毛衫上衣泛指大多数上身穿着的衣服或者贴身衣物。形式主要有套头衫和开衫两种。品类主要包括长短袖的开衫和套头衫，以及背心、抹胸等。

外套与上衣的主要区别是外套只穿在最外面，穿着时可覆盖上身的其他衣服。

裙类包括连衣裙、背带裙和半裙。

裤类包括长裤、中长裤、中裤、短裤和连身裤。

套装指上下装成套的毛衫。

SJYP卫衣　　　　　Nanushka套头衫　　　　　Sandy Liang开襟衫

TOMORROWLAND T恤　　　　　SJYP背心　　　　　Nude吊带

图1-5　上衣

Ballantyne夹克　　Co大衣　　Tak风衣　　Sally LaPointe披肩

图1-6　外套

UN3D.连衣裙

PH5背带裙

Kolor半身裙

图1-7　裙类

BEVZA中长裤

Nanushka连衣裤

EYEYE套装

图1-8　裤类、套装

1.2.2　国际国内知名针织服装设计师和品牌

随着文明的演进与科技的发明，人类不仅充分利用各类动植物的天然纤维来编织生活用品，还研发出多种化学纤维、矿物纤维，创造更舒适便利的生活。所以编织的历史也可以说是一部人类文明与科技的发展史。

经过漫长的发展历程，编织经历了从手工到机械生产，从保暖实用到彰显个性。受消费者生活方式、毛衫加工设备与技术、产品准入门槛等因素影响，国内外毛衫工业总体呈上升趋势，同时也涌现出一批在毛衫设计领域颇有建树的国际国内知名设计师和品牌。有些品牌虽然也涉及机织服装，但基本上是以针织服装闻名于世。

在世界服装日趋一体化的形势下，了解国际国内知名针织服装品牌及设计师，进而了解其针织产品的风格特点，分析和学习其设计方法和手段，是毛衫设计师或相关专业学生提高专业素养，汲取设计灵感的重要手段。

1.2.2.1 国际知名针织品牌（图1-9）

（1）蒂姆 瑞恩（Tim Ryan）

爱尔兰针织品牌，服务对象为性感柔美且不失幽默的年轻时尚女性。其设计师Tim Ryan擅于运用纯羊绒、真丝纱线及多种金属丝面料打造风格鲜明、性感十足的针织服装。

（2）桑德拉·巴克伦德（Sandra Backland）

瑞典针织品牌，位于其首都斯德哥尔摩。设计师Sandra被誉为"针织女王"，喜欢艺术方面的冒险尝试，其积木式的针织作品新颖怪诞，灵感源于消瘦的人体框架和钩针编织工艺，使针织服装呈现出厚重而夸张的造型效果，体现了设计师对于大自然的无限崇敬与热爱。

（3）索尼娅·里基尔（Sonia Rykiel）

法国针织品牌，款式简约、实用，定位更加市场化。品类较为丰富，有连身裙、开衫、马甲、外套、连身裤以及半身裙等。擅长以色块塑造优雅、活泼、自由的都市年轻女性形象。

（4）米索尼（Missoni）

位于意大利北部城市瓦雷泽的世界著名时尚集团。因其风格独树一帜的针织成衣而闻名世界。设计风格特色为几何抽象图案及多彩线条，具有强烈的艺术感染力。

（5）兄弟姊妹（Sibling）

英国著名针织品牌，位于伦敦，其主创设计师是被誉为"三个火枪手"的Joe Bates、Sid Bryan和Cozette McCreery，善于运用高纯度色和华丽的配色方式，风格幽默风趣且街头感很强。

（6）马克·法斯特（Mark Fast）

英国针织品牌，位于伦敦。善于运用莱卡纱线塑造出女性的玲珑曲线，以体现精致、华贵之感。由于工艺相对复杂，品类以连衣裙为主，多采用同色系配色。

（7）刘易斯·戈登（Louise Goldin）

英国针织品牌，乐于针织品的创新。巧妙地运用针织面料及其特殊的编织方法，采用对称的碎块拼接、直线型分割、离体

Tim Ryan

Sandra Backland

Sonia Rykiel

图1-9

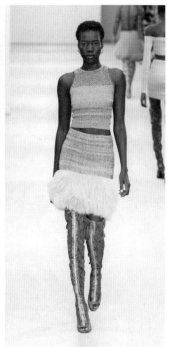

Missoni　　　　　　　　Sibling　　　　　　　Mark Fast

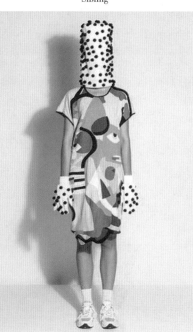

Louise Goldin　　　　　Daniel Palillo　　　　　ST.JOHN

图1-9　国际知名针织品牌

结构，结合其他机织面料，配以多样化的工艺手段，塑造科技感和未来感。

（8）丹尼尔·帕利洛（Daniel Palillo）
芬兰设计师品牌，当下最受欢迎的潮牌之一。超大的廓型使能适应其风格的人都可以不分尺码地穿着，体现了北欧特有的简洁与实用风格。夸张怪诞又颇具趣味性的绘画图案是其标志。

（9）ST.JOHN

由 Robert 和 Marie Gray 创立的美国著名服装品牌。多年来引领科技先锋，创造最撩人的色彩、最华贵的材质和最高档的针织工艺，开创针织服装的新纪元。其产品旨在完美展现美国上流人士优雅的风格，体现着豪华气派、华丽内敛、高贵大方。

1.2.2.2 国内知名针织品牌（图1-10）

近年来，随着消费者生活水平的提高和审美观念的逐步转变，针织服装以其独特的织物风格特性在流行服饰中的占比不断上升，人们对品牌针织服装的关注度和需求量不断增长，品牌的消费导向作用开始凸显。

由于早期劳动力和原材料成本具有价格优势，我国针织产品行业多以为国际大品牌代工针织服饰及配件产品，逐步发展起来。目前我国针织行业正处在转型升级阶段，高端附加值产品占比较少，品牌影响力较小，但也涌现出一批较知名的毛衫品牌。

鄂尔多斯（ERDOS）

邓浩

潘怡良（GIOIAPAN）

恒源祥

春竹（SPRING BAMBOO）

鹿王（KING DEER）

图1-10　国内知名针织品牌

（1）鄂尔多斯（ERDOS）

国内知名羊绒衫品牌。独具风格的羊绒时装，演绎雅致而不失趣味的风格，独立而自信的时尚态度。

（2）邓浩

以浓郁花色为代表的针织品牌。坚持并发扬光大中西合璧的概念，开创国内时装行业针织和机织结合的先河。

（3）潘怡良（GIOIAPAN）

中国台湾的针织礼服代表，颠覆针织刻板形象，展现女性曲线，结合各种素材制造浪漫氛围。

（4）恒源祥

国内知名羊绒衫品牌。消费群体年龄定位25~55岁。产品实施差异化战略，注重新技术和新材料的研发。

（5）春竹（SPRING BAMBOO）

国内知名羊毛衫品牌，是有着半个多世纪历史的老字号。追求极致简约，极致品位，极致匠心。

（6）鹿王（KING DEER）

国内知名羊毛衫品牌，以其尊贵的气质、优秀的品质在消费者心目中建立良好的信誉和口碑。

总体来说，国内毛衫更注重产品的质量，时尚和艺术创新性还有较大的上升空间。

1.3 认知项目

英国设计理论家 L. 布鲁斯·阿彻尔（L.Bruce Archer）认为，设计的本质是"有目的地解决问题的行为"。我们身处以创意和文化两大产业为背景的知识经济时代，

毛衫设计人才不仅要具备扎实深厚的理论知识，还应具备较强的动手能力以及发现问题、解决问题的能力，更应具备一定的创新精神。高校将创新型高水平应用人才的培养作为教学改革的主要研究方向，实训教学是高等学校教育的重要环节，在创新型人才培养的过程中起着重要的作用。

1.3.1 产学研合作项目化教学

产学研合作项目化教学是指以校企合作为前提，将各类具体可行的项目贯穿其中，企业和学生作为项目参与者全程参与项目过程。这种方式利用真实案例驱动教学，使学生在教学过程中直接参与生产实践，培养学生独立思考和解决实际问题的能力，提高学生专业知识全面性和统筹性的能力。

1.3.1.1 合作企业

在开展校企合作项目化教学的过程中，选择恰当的合作企业是关键。本课程的合作企业，创建于1980年的梦迪集团有限公司，主要从事各类针织系列面料和服装的生产与销售，拥有先进的缝纫、织造、染色和后整理设备，产品销售也已形成国际市场与国内市场两个销售网络，是课程教学所在地的针织服装行业龙头企业（图1-11）。

该公司高度重视品牌建设，下属佩卡傲（中国）创意设计中心专注中高端毛衫产品开发，使毛衫款式设计这门课程的校企合作项目化教学得以顺利开展、推进。

1.3.1.2 合作历程

毛衫款式设计的校企合作项目化教学始于2012年，经历了校企合作科研项目到校企合作人才培养的发展过程，发展的关键点如下：

①2012年组建人才培养中心，为学生搭建产学研合作平台，提高学生毛衫设计能力，

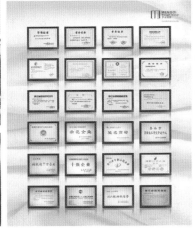

图1-11 梦迪集团

也为校企合作项目化教学提供了第二课堂。

②2013年11月，成立校外实践教育基地（校级），主要为服装设计与工程、服装与服饰设计等专业提供校外实践教学服务，使学生在课堂学习的理论知识得以内化。

③2015年4月，成立校企针织共建实验室，企业把毛衫产品研发部转移到学校，同时一并进入的还有相关设备和产品研发人员，学生可以在课余时间直接进入毛衫产品研发部设计开发毛衫产品（图1-12）。

④自2016年起，毛衫款式设计课程实行校企合作双师授课，引入校企合作项目，采取真题实做的模式，综合校内任课教师丰富的毛衫设计教学经验、教学方法，以及企业导师多年的市场产品开发经验，实现优势互补（图1-13）。

1.3.1.3 校企合作双师授课学生实训成果

通过双师授课，学生毛衫产品开发的能力得到了极大的提升，设计的多款毛衫服装被选中打样并大货生产（图1-14）。

图1-12 校企针织共建实验室

图1-13 校企合作双师授课

图1-14 学生校企合作课程成果

1.3.2 项目教学实施方法

毛衫款式设计课程的实训项目采取产学研合作，真题实做的方式进行。在教学实施过程中，以校内专业教师为主，校外导师也

始终参与。

首先由校内外导师共同设定课程目标，下达学习任务，这个任务一般是引入企业真实的或是校企合作中根据学生认知能力设计制订的任务。同时向学生明确项目学习过程

和学习方法。然后学生按照学习任务完成项目调研的各项任务，明确项目产品的设计风格，拟订设计主题。这阶段任务是与企业导师交流和到企业实地参观，以及通过各种流行资讯和线上销售渠道对毛衫设计元素的市场运用状况充分了解的基础上完成的。最后，通过讨论式、案例式等教学方法和手段让学生掌握必备的设计知识，并完成设计定稿，使学生在消化教材中各类基础知识的同时，达到技能理论迁移和应用的目的。学生对品牌毛衫产品开发的认识更全面深入，设计实践能力得到较大提升。

具体到产品开发时项目分三个环节实施。

1.3.2.1 产品规划与设计

第一个环节根据企业下达的子项目要求，学生分组完成项目调研，确定设计主题，完成款式造型、图案和装饰设计等。

具体的产品开发内容与任务分解安排如下（图1-15）。

此环节的目的是使学生消化毛衫设计的各项基本知识；理解产品风格、主题与产品设计的关系；培养学生的产品创新设计能力。

1.3.2.2 产品设计整合

第二个环节在第一环节的基础上完成。要求学生将造型设计、色彩与图案设计以及装饰设计等成果进行整合，结合设计主题和波段计划，完成五个主题的系列产品设计。

此环节不但能检验学生的毛衫款式设计能力，而且能培养学生的品牌意识，学会从整体、全面的角度思考产品开发，将具体的设计任务融入品牌产品策划当中，从设计角度的单品设计、系列设计进展到真正品牌产品系列开发的层次。

图1-16为服设181班学生的毛衫款式设计作品。此系列产品设计要求更高，更注重风格的营造，也更追求设计感。这对毛衫款式设计这门课的师生来说，需要从产品企划开始就进入沉浸状态，每个步骤都是一项艰难的挑战过程。

1.3.2.3 产品生产环节

系列设计作品完成后，要求学生进入校企共建实验室，参与纱线选择、工艺设计、面料小样制作、样衣生产及后整理等各个环节的工作，及时了解设计作品存在的问题，寻找解决的方法。图1-17为部分生产上市的学生作品。

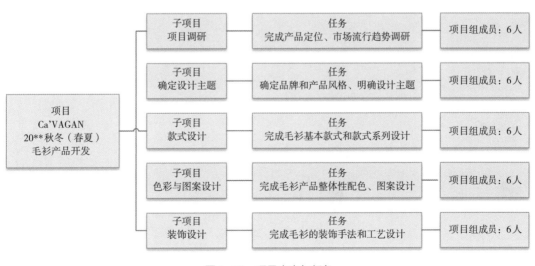

图1-15 项目内容与任务

Knit:

17153 17154 17204print

17135 17320

17127 17301 17336

17143 17125 17142print

17336 17125 17308

17135 17320

17308

Delivery1 上架时间：2020.2.10

Knit:

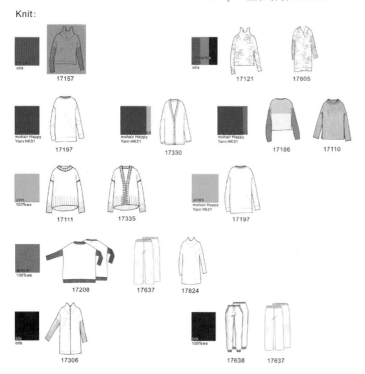

17157 17121 17805

17197 17330 17186 17110

17111 17335 17197

17208 17637 17824

17306 17638 17637

Delivery2 上架时间：2020.3.12

Knit:

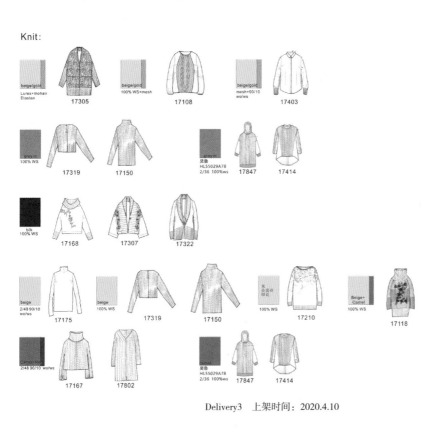

Delivery3 上架时间：2020.4.10

Knit:

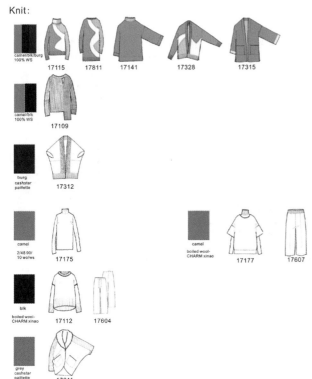

Delivery4 上架时间：2020.5.8

图1-16

Knit:

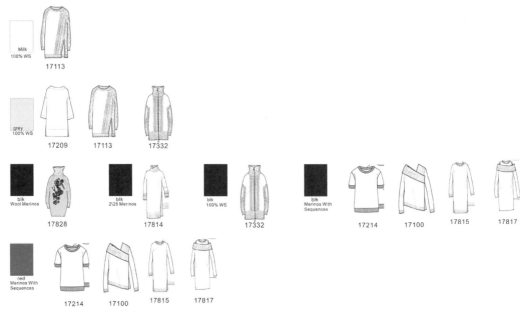

图1-16　服设181班学生毛衫款式设计稿

图1-17　学生设计作品成品

1 了解毛衫款式设计的相关基本知识,查阅相关文献与图片资料,进一步了解针织和机织服装设计之间的关系以及针织服装设计的特点。

2 与项目合作企业的毛衫产品设计师进行座谈,进一步了解毛衫款式设计的具体过程。

3 调研项目合作企业,了解和归纳毛衫设计与制作的全过程。

4 就本章所涉及的品牌和设计师进行网络搜索、资料查询及店铺调研,了解其品牌设计风格及相关品牌文化,进行自我学习。

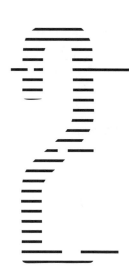

项目一：毛衫款式设计调研

项目描述 运用服装设计调研的相关知识，掌握毛衫款式设计调研的基本内容与一般方法。

知识准备 品牌服装调研的基本内容与方法；品牌市场定位调研；前瞻性流行趋势调研。

工作步骤 知识掌握、市场调研、信息整合。

2.1 品牌服装调研的基本内容与方法

2.1.1 品牌服装调研的基本内容

品牌服装调研是品牌产品开发中的重要环节之一，通过调研可以调整企业经营中存在的风险和问题，及时掌握竞争企业的市场动态以及整个经济环境对于企业自身的影响，以规避未来道路中可能发生的不利情况。

服装调研涉及的范围和部门主要包括服装企业的商品部、销售部和设计部。其基本内容包括：产品定位分析调研、竞争产品市场调研、消费需求调研、市场流行资讯调研、企业产品运作信息调研等（图2-1）。

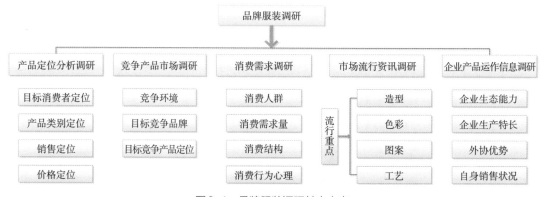

图2-1 品牌服装调研基本内容

2.1.2 品牌服装调研的方法

为了保证调研结果的准确有效，服装市场调研应采用科学的手段和方法，通过文案调研、访谈调研、观察调研、问卷调研以及实验调研等多种方式搜集服装市场数据，进行归纳、筛选、分析和总结，依此把握市场潜在需求、探求服装市场变化规律和未来发展趋势，提出应对服装市场的设计方案，并为未来的经营决策提供科学依据。

服装调研的最终分析结果要严谨而准确，以提供给企业管理层作为决策依据，因而服装市场调研需要企业的多个部门协助完成。不同部门在产品开发的不同阶段参与不同的工作，如商品部须在新一季产品开季时通过对自己前两季甚至前三季的商品进行数据分析，引出下一季的商品规划，包括品类、波段和价格带等；销售部主要通过CRM（客户关系管理）系统分析目标客户的爱好、习惯、消费层次，以及客户的忠诚度和企业的利润等；设计部主要负责前瞻性流行趋势和产品方面的调研，为产品开发提供证据。

2.2 毛衫款式设计调研

根据毛衫产品设计人才的培养要求，毛衫款式设计调研主要从品牌市场定位调研和前瞻性流行趋势调研两方面展开。

2.2.1 品牌市场定位调研

定位概念由艾·里斯（Al Ries，美国营销大师，Ries&Ries咨询公司主席）和杰克·特劳特（Jack Trout，定位之父，美国特劳特咨询公司总裁）于1969年首次提出。定位是在潜在顾客的脑海里给产品确定一个合理的位置，也就是把产品定位在你未来潜在顾客的心目中。

品牌定位是指企业对产品性能、消费群体、营销策略及品牌形象等内容有明确的定位和规划，使自己的商品能够不断占据更大的市场，并且在市场上占据更长的时间。品牌定位是市场发展到一定阶段的必然产物。一般企业都是以产品的形式出现在市场上的，并且所生产的产品也不可能为市场上所有的顾客提供全部的服务，企业只有依据自身的优势和具体情况选择适合自己的目标市场，才能得到良性发展，如果盲目选择，只会让自己陷于被动境地。因此，品牌定位是市场定位的核心，可以使企业明确最有价值的目标市场，使商品在消费者的心中占领一个特殊且合理的位置，当某种需要突然产生时，自然就会想到这个品牌的商品。

服装品牌的定位是服装企业为自己的品牌找到恰当的市场位置，让自己的产品在特定的消费者的购买行为中取得良好的销售业绩。品牌定位在服装市场经营活动中有着极其重要的地位，服装市场的需要，正是品牌定位的结果。深入了解和全面把握品牌定位是开展毛衫产品设计开发的基础和关键，对服装品牌定位的调研主要包括以下几个方面。

2.2.1.1 目标消费群体的分析

消费群体是指具有某种共同特征的若干消费者组成的团体。这些消费者在购买行为、消费心理及生活习惯等方面有许多共同之处。对消费群体进行具体详细的划分，是为了更好地明确品牌的发展方向和产品的设计方向。

在分析消费群体的时候，要从不同的角度进行。通常在对消费者进行细分时可以从以下几个方面着手：

根据地理因素划分：从不同的国家、地区、城市或者是乡村划分。

根据社会经济因素划分：主要从性别、年龄、受教育程度、职业特点、收入、民族和宗教等着手。

根据消费心理划分：主要包括生活方式、性格、心理倾向等方面。

从不同消费者的分析中可看出，他们在消费方面的兴趣、能力和行为会存在一定的差异。

2.2.1.2　设计风格的把握

服装设计风格是指服装在形式和内容方面所显示出来的价值取向、内在品格和艺术特色。它将造型、色彩、材质、配饰等设计元素形成统一的、具有鲜明倾向性的外观效果，并与精神内涵相结合，传达出服装的总体特征。设计风格是品牌产品所必须具有的特征，既表现了设计师独特的创作思想和艺术追求，也反映了鲜明的时代特色。

服装设计风格基本上分为两大类：一类是主流风格，是指适合大多数消费者的心理需求、占市场份额高的产品。这类产品的特点相对来说流行程度比较高，是时下大众相对比较认可的产品风格，但时尚程度略低，如Only、Mango、H&M、Zara等（图2-2~图2-4）。

另一类是非主流风格，适合少数追求极端流行的消费者，此类产品的数量相对较少，虽然流行度较低，但是时尚程度较高，容易引导流行的潮流。例如，Chanel、Versace、Dior、Kenzo、Alexander McQueen、Gucci等（图2-5~图2-8）。

设计师尤其是一个品牌新的设计师只有对该品牌的设计风格深入了解、全面把握，才能使自己的专业素养与品牌设计风格有机结合，尽情发挥自己的才能，更好地为品牌产品服务。

2.2.1.3　明确品种类型

设计师要明确自己所服务的品牌是经营男装、女装还是童装，具体是经营职业装、

图2-2　Only 2020春夏

图2-3　Zara 2020早秋

图2-4　Mango 2020春夏

图2-5　Alexander McQueen 2020早秋

图2-6　Chanel 2021早春

图2-7　Dior 2021早春

图2-8　Versace 2019秋冬

休闲装还是运动装等，此外，还要了解产品的尺码范围、价格范围和批量生产的程度。产品类型把握细致深入，设计师才能更有针对性地进行产品开发。

2.2.1.4 明确产品生产与销售方式

产品的价值只有在市场中才能得到体现，不同的产销模式对品牌产品的设计开发要求是不同的。设计师也应全面了解品牌产品的生产与销售方式。

本项目中，要求学生通过与合作的服装企业商品部、销售部和设计部的相关人员进行访谈，查阅企业相关文字资料等渠道和方法对Ca'VAGAN目标消费群体的确立、设计风格的定位，以及产品品类和价格区间等各方面的内容进行归纳和总结（表2-1），为毛衫产品开发奠定基础。

表2-1　2017级学生品牌服装定位调研结果

调研品牌	Ca'VAGAN	调研者	服饰171班胡琰平，服饰172班汤雨涵、吴雯
调研结果			
品牌愿景			时尚很宽泛且多样化，潮流、态度和品位变化很快。市场大环境改革的时代已经到来，无论是快时尚还是奢侈品牌都在适应这个改变。我们的生活习惯与消费习惯因科技而改变，人们变得更自由，性别界限也变得模糊
品牌识别	品牌历史		Ca'VAGAN起源于威尼斯，从Romanelli 家族1964年开始制造生产第一件毛衣至今，一直秉承古老的理念，制造和生产最高水平的手工羊绒制品，传递给每一位女性意大利的优雅生活方式。如今，公司生产的羊绒产品在意大利代表了同类产品中的最高端品质，已发展成为以时尚针织为主线的时装品牌。悠久的品牌历史，她的成长历程都带着时间的印记。2014年Ca'VAGAN进入中国市场，将威尼斯优雅风情带到中国。2018年品牌由梦迪集团子公司嘉兴市梦迪进出口有限公司收购，成为旗下全资控股品牌
	品牌理念		
	品牌关键词		威尼斯：DNA/传承/意式品质 都市：品牌受众范围/目标群体 活力：品牌内在驱动力 时尚：品牌使命
	品牌定位		Impossibly Chic：不可思议/引人注目/独一无二

调研品牌	Ca'VAGAN	调研者	服饰171班胡琰平，服饰172班汤雨涵、吴雯

调研结果

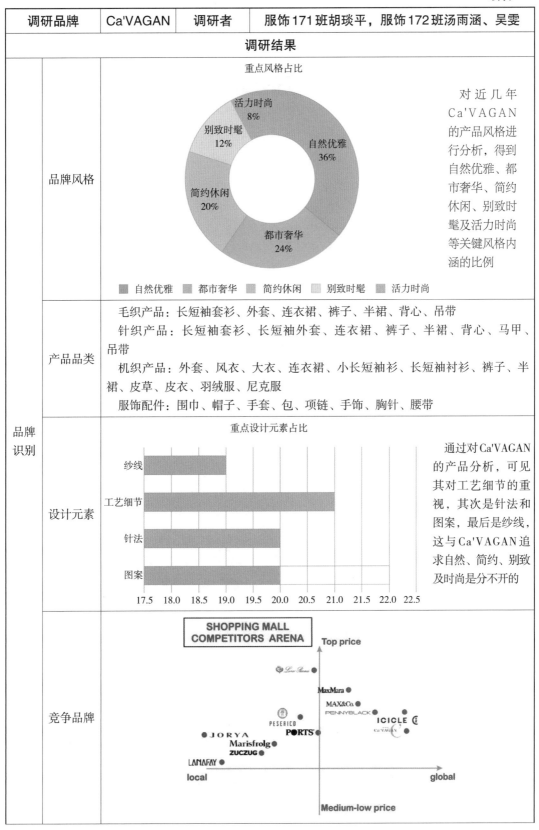

品牌识别	品牌风格	重点风格占比 活力时尚 8% 别致时髦 12% 自然优雅 36% 简约休闲 20% 都市奢华 24% ■ 自然优雅 ■ 都市奢华 ■ 简约休闲 ■ 别致时髦 ■ 活力时尚	对近几年Ca'VAGAN的产品风格进行分析，得到自然优雅、都市奢华、简约休闲、别致时髦及活力时尚等关键风格内涵的比例
	产品品类	毛织产品：长短袖套衫、外套、连衣裙、裤子、半裙、背心、吊带 针织产品：长短袖套衫、长短袖外套、连衣裙、裤子、半裙、背心、马甲、吊带 机织产品：外套、风衣、大衣、连衣裙、小长短袖衫、长短袖衬衫、裤子、半裙、皮草、皮衣、羽绒服、尼克服 服饰配件：围巾、帽子、手套、包、项链、手饰、胸针、腰带	
	设计元素	重点设计元素占比 纱线 工艺细节 针法 图案 17.5 18.0 18.5 19.0 19.5 20.0 20.5 21.0 21.5 22.0 22.5	通过对Ca'VAGAN的产品分析，可见其对工艺细节的重视，其次是针法和图案，最后是纱线，这与Ca'VAGAN追求自然、简约、别致及时尚是分不开的
	竞争品牌	SHOPPING MALL COMPETITORS ARENA Top price Loro Piana MaxMara MAX&Co. PENNYBLACK PESERICO ICICLE JORYA PORTS Ca'VAGAN Marisfrolg ZUCZUG LANAFAY local global Medium-low price	

调研品牌	Ca'VAGAN	调研者	服饰171班胡琰平，服饰172班汤雨涵、吴雯
调研结果			

品牌识别	参考品牌	主要参考品牌： FABIANA FILIPPI：意大利奢侈品牌，坚信女性气质的真正内涵，为那些在女性世界里定位自己，并且喜欢现代感，同时无论走到哪里都能得到认同的女性，提升和发展她们美丽的真正精髓 GIADA：意大利奢侈品牌，其隽永摩登的设计饱含着意大利艺术之精髓，被称为意大利的爱马仕。色彩基调为黑白灰，运用天然面料
品牌战略	品牌使命	Ca'VAGAN是首个体现女性Impossibly Chic态度的时尚品牌，以威尼斯独特之美为灵感，巧妙地融合时尚风格、都市感和活力感；以混搭的自由和别致，融合休闲与正式，天然面料与都市风情，只为创造独一无二的优雅
	目标受众	自信的都市型格调：核心顾客以35~45岁的女性群体为主，追求优雅时尚，崇尚低调奢华的生活方式，在乎心态而非年龄
	品牌优势	Ca'VAGAN是唯一一个提出Impossibly Chic理念的时装品牌，为消费者提供高质量及都市化风格的成熟设计
	商品策略	针织品类是产品主线，羊绒是品牌主打品类，但并非品牌全部。全品类多元化产品是品牌持续发展的商品策略
	市场策略	Ca'VAGAN中国市场定位轻奢，时装化有利于国内市场中高端百货的渠道拓展
	店铺策略	国内中高端百货、Shopping Mall，随着"标杆店"的建立，逐步拓展单品牌和多品牌集合渠道策略
视觉呈现标准	LOGO标识	新LOGO由意大利设计师Angelini在2017年为品牌创作，意在表达品牌传承经典之美的同时赋有现代审美特征
	店面形象设计	
	宣传册与广告	

2.2.2 前瞻性流行趋势调研

设计元素的来源分为直接来源和间接来源两种。直接来源是从流行服饰上直接借鉴来的，间接来源是设计师在设计灵感的激发下，将某种流行文化，或者时尚的行为、运动、技术等转化而成。

目前很多品牌都是从借鉴成熟品牌，直接获得流行元素的形式开始自己的设计。从培养创新型设计人才的角度出发，项目化教学要求学生从不同渠道对流行趋势进行前瞻性调研、分析和总结。

流行趋势是指一个时期内，社会或某一群体中广泛流传的生活方式，是一个时代的表达。服装流行一样，是在一种特定的环境与背景条件下产生的，是多数人钟爱某类服装的一种社会现象。流行趋势调研是服饰设计教学的重要组成部分。在纷繁的流行服饰中分辨，哪些流行特征在当下或未来具有相对长期的设计拓展性、哪些风格具有发展的延续性、哪些设计手法具有长期的影响性，并对其进行恰当的整合，是提升设计能力的关键环节，也是设计师所要掌握的必备技能。

2.2.2.1 流行趋势主要获取途径

随着信息爆炸时代到来，流行预测不再是一种简单的猜测，而是需要设计师们从众多信息中挑选出自己需要的信息，从而做出最为准确的预测。影响流行趋势的因素多种多样，获得流行趋势的渠道也异常丰富（表2-2）。

表2-2 获取流行趋势的主要渠道

渠道		内容
时装发布会		世界著名时装中心（纽约、伦敦、巴黎、米兰、东京）每年举办两次高级时装和高级成衣发布会。每一季流行的主题（色彩、面料、装饰、风格等）由一些设计师和行业组织沟通之后共同决定，再分别以设计师的个人理念进行演绎。这些发布会很大程度上决定未来的设计方向，是世界各地设计师获取设计素材的重要方式
专业权威机构预测		国际上发布世界流行趋势的常立机构有国际流行色协会、国际色彩权威、国际化纤协会、国际棉业协会、日本流行色协会、美国色彩协会、潘通色彩研究所、国际羊毛局，以及国内的中国流行色协会等。服装流行预测的内容通常以主题形式出现，每个主题下包括服装廓型、结构造型、材料、色彩、细节与工艺及整体风格几个方面
时尚媒体	出版物 — 专业流行资讯刊物	专业权威的预测机构发布的流行趋势报告 专业工作室的设计作品或设计师手稿 个人或图片公司汇集的发布会图片和整合的趋势预测
	出版物 — 时尚期刊	专业时尚期刊：《服装设计师》《流行色》等 生活时尚类期刊：《世界时装之苑》《时装》《服饰美容》《瑞丽》《时尚芭莎》《昕薇》等
	出版物 — 报纸	《服装时报》《Fashion Wind时尚季风》《中国服饰报》《针织毛衫报》《周末画报》
	网络传媒	品牌的专业网站：品牌展示自身品牌风格和产品的官网 专业时尚资讯网站：国内外发布流行趋势、满足不同层面消费者时尚需求的网站，如WGSN、Pop-Fashion、Vogue Runway、蝶讯、大作、WeArTrends、Pinterest、Now Fashion、看潮网

渠道		内　　容
时尚媒体	其他	影视媒体：影视作品尤其是时代剧中人物的服饰穿着、发型妆容等通过演员的演绎，影响观众的审美情趣和服装时尚的流行与传播 行业信息采集：原材料、成衣制造以及零售等在内的行业信息的采集 卖场调研：从市场获得流行趋势的一手资料

（1）时装发布会

目前世界著名的时装中心分别是意大利米兰、英国伦敦、美国纽约、法国巴黎以及日本东京和中国香港。四大时装周每年两届，分为春夏（9~10月）和秋冬（2~3月）两个部分，每次在大约一个月内会相继举办百余场时装发布会，参与时装周的包括主办方、赞助商、制衣公司；嘉宾、买手、记者；模特、工作人员；服饰销售商；设计师等。

各大时装周都有各自的风格特点：巴黎是引导世界时装流行的先驱，尤其女装，是许多世界级设计大师诞生之处，也是所有设计师的目标；米兰相对比较成衣化，也比较能感受到经典传承的助力，男装堪称世界一流；纽约所发布的服装本身商业化的程度比较高；伦敦和东京时装周相对较为推崇前卫和年轻设计师的作品；"香港时装周"又称"香港国际时尚汇展"，借由香港作为国际投资和商贸枢纽，帮助内地和香港时装业者开拓市场，同时，引入全球各地的时装品牌进行展出和采购，让更多的服装品牌在这里走向国际（图2-9）。

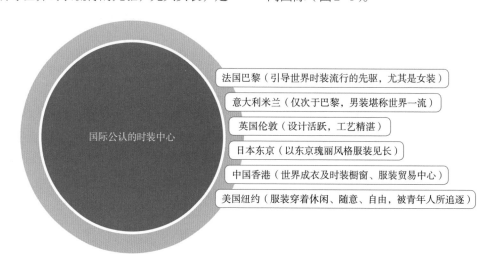

图2-9　国际公认时装中心

（2）专业权威机构预测

流行预测信息建立在广泛的调研和对社会发展趋势全方位估测的基础上，如今服装流行预测已经成为服装行业内规模化、产业化、专业化的研究。国际流行色协会、国际羊毛局、美国棉花公司，以及中国流行色协会等国内外权威组织流行预测机构每年都会发布18个月后的主题趋势预测。预测涉及的主要内容有色彩、织物、风格、款式等方面的新主题，这些流行趋势主题都融入了社会、文化、经济等因素，属于设计型商品，服装品牌可以根据这些流行预测信息作为参考，对下一季的流行做出合理、适时的判断，合理选择与运用某种主题的流行色或面料，加以改造或直接用于生产，推出服装新产品。

（3）时尚媒体

对于绝大多数设计师来说，能到国际时装中心发布会现场观看的机会是比较少的，而消费者更甚，很难接触到真实的服装制作过程或者观看到服装发布现场。时尚媒体就扮演着传达时尚流行信息的作用。

时尚媒体包括出版物、网络传媒、影视媒体。第一类出版物是专业流行资讯刊物，包括专业权威的预测机构发布的流行趋势报告、专业工作室的设计作品或设计师手稿、图片公司或个人汇集的发布会图片和整合的趋势预测等。第二类出版物是时尚期刊，包括生活时尚类期刊，主要介绍最新的时尚信息，传播时尚艺术，具有很高的参考价值；专业时尚期刊，主要针对时装界设计师、制造商、零售商、时装顾问、时尚买手及市场中的品牌代理人。第三类是报纸，报纸的信息及时、贴近企业，对了解国内外市场动态、掌握行业发展趋势有很大帮助。

除了出版物这类静态媒体，还有动态的网络传媒。网络是20世纪90年代后期崛起的强势媒体，设计师可以通过网络获得各类服装讯息，如流行面料、流行款式、流行色、服装搭配等，也可以通过网络论坛等平台与消费者互动交流。

目前服饰类网络传媒主要有品牌的专业网站和专业时尚资讯网站两大类。品牌的专业网站是各品牌展示自身品牌风格和产品的官网，设计师可以通过官网的资讯，得到更多与自己所服务品牌相关的竞争品牌、参考品牌的信息。专业时尚资讯网站更关注当下的时尚，且更新速度非常快，是国内外发布流行趋势、满足不同层面消费者时尚需求的网站，包括设计师掌握最新时尚资讯的网站如Vogue、大作等，比较权威的流行趋势网站如WGSN、Pop-Fashion等，关注品牌管理、策略、营销等商业部分的分析类网站如Business Of Fashion等。

其他时尚媒体还有影视和各类行业信息等。影视媒体中人物的服饰穿着、发型妆容等可以传达服装时尚的流行信息，各类服装服饰、纱线面料等博览会也可以展现原材料、成衣制造以及零售等在内的各类行业信息。

最后，对商场、专卖店进行调研也是设计师获取流行信息的渠道之一。商场、专卖店这种相对固定的销售卖场，往往是对该季上市的新款进行最大限度地展示和营销，设计师能从中获得一手的服饰流行信息。服装市场是时装与消费者之间的桥梁，通过对卖场服装的调研，了解各种风格的品牌服装在当季所推出的新款，包括比较它们之间在流行要素上的使用以及消费者对新款上市服装的认可度和购买欲等。采集相关信息后，设计师更好地把握自己的设计作品，从款式、色彩、面料判断设计取向。图2-10、图2-11分别为项目参考品牌FABIANA FILIPPI和GIADA在中国的专卖店。

2.2.2.2　流行趋势整合的角度与内容

获取流行趋势信息后，再从服饰具体的构成方式，主要是从造型、色彩、图案和装饰工艺等方面入手进行整合，以便提炼与产品定位相匹配的流行元素，为后续产品开发做准备。

（1）造型

造型是构成服饰主体最基本的要素之

图2-10　FABIANA FILIPPI品牌专卖店

图2-11　GIADA品牌专卖店

一，是服装在形态上的结构关系和服装造型要素构成的总体服装艺术效果，其整合范畴包含流行服饰的外部和内部造型。外部造型一般以廓型为代表，是服装整体形态的概括，强调对服装空间感和体积感的把握。内部造型包括结构线和局部设计，也就是组合形式和细节造型的设计。毛衫相对于其他针织和机织服装，在设计方法、设计元素以及工艺设计等方面都具有其特殊性，正是这些特殊性决定了毛衫造型的变化多样。

①毛衫廓型。服装的外部形态轮廓线能体现服装的整体效果、表现服装的风格。传统的毛衫廓型以H型、O型为主，但随着毛衫的外衣化、时尚化和个性化的发展，现代毛衫的廓型越来越丰富，不同风格的毛衫都要求有相应的廓型去表现。通过市场调研，提炼每一季的毛衫廓型特点，是把握毛衫流行风格、协调处理毛衫廓型与款式设计之间关系的重要手段和方法（图2-12）。

②毛衫结构线。服装结构线包括省道线、剪切线和褶线。毛衫良好的弹性和延展性使其基本上不考虑省道线。剪切线又称开刀线、分割线，是指在服装设计中，为满足造型美的需求，将服装分割成不同的裁片后又缝合的线。对每一季毛衫产品分割线线型构成的种类和特点、基本形式等进行归纳总结，有利于设计师更深入细致地把握毛衫市场流行趋势（图2-13）。

A 型　　　　　　　　　　　T 型

喇叭型　　　　　　　　　　O 型　　　　　　　　　　Y 型

H 型　　　　　　　　　　　X 型

图2-12　毛衫廓型

横向分割

自由分割　　　　　纵向分割

斜向分割

交叉分割　　　　　弧线分割

图2-13　毛衫分割线

褶线是服装立体造型设计的重要元素之一。其外观形态蓬松、自如，使服装的层次更富有变化、特色更加鲜明。毛衫的褶线可以通过不同组织参数和不同色彩纱线的合理搭配实现，也可以借鉴机织服装中抽褶、折叠等手段形成。既可以帮助塑造整体造型，拓展毛衫立体造型的艺术表现力，又可以运用在局部位置，展现毛衫设计的视觉冲击力（图2-14）。

③毛衫局部。服装局部包括部件和装饰性细节，部件指领、袖、口袋和门襟等，装饰性细节指为了增添服装的美感或特别的视

波浪褶　　　　　　　　　自由褶　　　　　　　　　碎褶

荷叶边褶

抽缩褶　　　　　　　　　　　　　　　花型褶

图2-14　毛衫褶线

觉效果而对服装局部做的特别处理。好的局部设计可使服装的造型更加丰富全面，能够提高品牌的内涵和品质，对于款式变化不是太丰富的毛衫来说尤为重要。

　　领型的变化在服装部件中极为丰富。对毛衫部件的流行信息进行归纳整合时，除了关注不同领型的流行外，还应仔细观察和分析不同领型基础上细节设计的变化（图2-15、图2-16）。

　　衣袖设计是服装设计的重要组成部分，

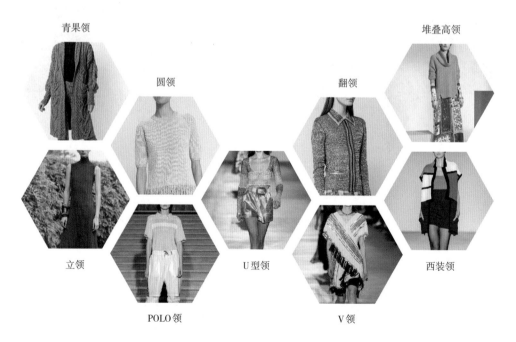

青果领　　　　　　　　　　　　　　　　　　　　　堆叠高领

圆领　　　　　　　　　　翻领

立领　　　　　　　　　　U型领　　　　　　　　　西装领

POLO领　　　　　　　　　V领

图2-15　毛衫常规领型

交叉褶领

不规则大翻领　　　　　　　　大宽立领

解构V领　　　　　不对称V领　　　　　圆领V领组合

立翻领　　　　　　立领荷叶边领组合

图2-16　毛衫变化领型

手臂活动频率和幅度是身体中最大的部位，衣袖设计不但要求有装饰性，还要注重功能性。因此，衣袖的造型兼具静态和动态两种美感，在毛衫造型设计中占有非常重要的地位。在整合袖型流行资讯时，可从袖子的长短、宽肥，以及袖山、袖身和袖口的造型变化等角度仔细分析（图2-17）。

口袋是服装的主要附属部件，它不仅具

羊腿袖　　　　　　　　　　　　　　　　O型袖

甩袖　　　　　　　　　　　　袖山细节

荷叶边袖　　　　　　组合袖　　　　　　落肩袖

肩部挖空　　　　　　喇叭袖

图2-17　毛衫袖型

有实用功能，且因其常居于服装的明显部位，也具有很强的装饰作用。但由于针织面料的悬垂性与弹性，毛衫的口袋以装饰功能为主，因此在整合这个部件的流行趋势时，应充分注意口袋与毛衫主体设计风格的关系（图2-18）。

毛衫从穿脱方式上主要分为套头衫和开衫两类，门襟是毛衫开衫造型布局的重要分割线，有对称式和不对称式两大类。设计时通常和领子一起考虑，与领子相互衬托，和谐地表现出毛衫的整体美（图2-19）。

下摆即服装的底边，下摆的直、曲、斜、规则与不规则等变化也直接影响服装廓型的变化。同时，随着着装者的姿态和行走

图2-18　毛衫口袋

图2-19　毛衫流行门襟

变化，下摆还可产生优美的动态感。近年来，下摆常作为毛衫的设计视觉中心受到设计师的重视（图2-20）。

在对毛衫造型的流行信息进行整合时，除了廓型、结构线和局部这几个方面，还应关注造型解构方面的动向和信息。

图2-20　毛衫流行下摆

解构主义作为一种设计风格的探索兴起于20世纪80年代。随着社会经济的发展，人们的生活节奏变得越来越快，消费者对服装的要求也在不断变化。求新颖、求个性成为众多服装消费者的终极目标，解构服装的新鲜性、奇特性吸引了众多的年轻消费者。解构主义，顾名思义，有着"分解与重构"的意思。以逆向思维进行服装设计构思，设计师利用破坏、不对称、堆叠、拼接等手法，将服装造型的基本构成元素进行拆分、组合，形成突出的外形结构特征，体现出叛逆的、实验性的、艺术性的时装魅力。

解构作为一种重要的设计思维和创作手段，其触角已经延伸到毛衫领域，有多元化的表达形式。毛衫设计中的解构是指设计师放弃传统的毛衫结构，打破原有的毛衫设计界限，创造出独具风格的新结构。近年来，

毛衫设计向时尚化、个性化的方向发展，针织物所具有的延伸性和弹性也给毛衫解构设计提供了得天独厚的条件。同时，电脑横机技术的发展，组织设计手法的丰富等也在一定程度上推动了毛衫解构设计新思路、新手法的不断出现，为毛衫带来了新的外观变化（图2-21）。

针织毛衫的解构设计思维能够从不同的角度将毛衫的服用功能、象征功能、审美功能等进行解构重组的梳理。设计师应时刻关注解构毛衫的流行变化、解构手法等，结合毛衫解构设计理论，从流行与时尚相适的角度，拓展创新性设计的思路，不断丰富毛衫的表达形式和设计方法。

（2）色彩

色彩的运用是重要的服装设计要素，色彩的合理选择及有效搭配对服装设计的成功

衣身前片局部解构　　　肩袖局部解构　　　上下颠倒

衣身后片
局部解构　　　　侧缝局部解构

衣身解构　　　袖子局部解构　　　肩部局部解构

一衣多穿　　　下摆局部解构

图2-21　毛衫解构设计

起着重要作用，常用色和流行色是比较有代表性的颜色。常用色指符合人们普遍接受的审美标准，在特定的范围内被长期使用的颜色，如黑色、白色、红色、深蓝、驼色、咖啡色等。流行色则指在一定时期和范围内，符合特定时期审美，被消费者普遍接受的带有趋向性的色彩。

常用色受流行的影响较少，通常被作为销售量的基础保障色，市场投放量比流行色产品大，但流行色的商品往往可以在短期内迅速、大量地销售。常用色有时也会上升为流行色，而某些流行色在一定时期内也有可能变为常用色。色彩信息整合包含色彩的属性、整体色彩的意境以及搭配组合方式等（图2-22~图2-26），对预测信息的有效理解与筛选将决定设计师对流行色的有效设计应用。

橙红　　　巴贝多樱桃红　　　大丽花红　　　火砖色　　　珊瑚杏仁色

图2-22　毛衫流行色——红色调及搭配组合

硫磺色　　　　　　　　鲜橙黄　　　　　　　　阳光黄

图2-23　毛衫流行色——黄色调及搭配组合

蓝紫色　　　　　奥海蓝色　　　　　午夜蓝　　　　　电竞蓝　　　　　水雾蓝

图2-24　毛衫流行色——蓝色调及搭配组合

蓝紫色　　　　　奥海蓝色　　　　　午夜蓝　　　　　电竞蓝　　　　　水雾蓝

图2-25　毛衫流行色——绿色调＆海棠＆淡紫雾色调及搭配组合

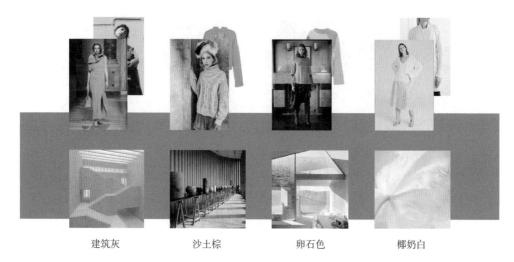

| 建筑灰 | 沙土棕 | 卵石色 | 椰奶白 |

图2-26　毛衫流行色——中性色调及搭配组合

（3）图案

以装饰、美化为主要目的，围绕服装及其与服装相配套的附件、配饰上的装饰称为服饰图案。图案是毛衫设计的重要手段，它不仅是毛衫上的一种直接有效的装饰手法，其样式、色彩还可以影响毛衫的款式和风格。好的服饰图案其造型及色彩设计具有强烈的时代感和独特的风格，需要设计师准确地把握服饰图案流行的风格、题材、表现形式及构成形式等，才能使服饰图案达到与服装风格完美统一的境界（图2-27）。

（4）装饰工艺

装饰通常指对人体或器物表面添加以美化为目的的纹饰及色彩。如今，装饰已成为服装设计的一个重要组成部分，随着设计水平的提高和制作技术的进步，毛衫装饰的内容、形式以及工艺越来越丰富多样，常见的毛衫装饰工艺有：针法变化、纽扣、拉链、刺绣、贴花、抽带和系带、绳饰、流苏、蕾丝、动物皮毛、成衣染色、印花、手绘等（图2-28~图2-32）。掌握并选择恰当的流行装饰工艺是营造毛衫产品卖点的重要手段。

2.2.2.3　流行元素的提炼

流行元素是构成产品整体风格的最基本单位。为了顺利开展设计任务，需要对各种渠道搜集的流行信息进行分析、总结，准确提取适合自己品牌产品的流行元素。从服装构成的角度，流行元素可以分为线条、色彩、材料、廓型、细节形状等几个元素。从元素种类的角度，还可以分为造型元素、色彩元素、面料元素、结构元素、辅料元素、工艺元素、图案元素、装饰元素、形式元素、搭配元素、配饰元素等。

每个品牌都有相对固定的设计元素作为品牌风格形成的组成部分，但同时也需要流行元素的参与，以满足消费者求新求异的心理。这时就需要设计师根据每年的流行，适当地采用流行元素，使其符合潮流动向。品牌所需的流行元素无法指定，因为新的流行元素每年都在变化。但造型、色彩、面料三个元素始终是最重要的，是基础元素，也是关键元素。其他如毛衫的线条特征、结构变化、新纱线的使用、毛衫成型和装饰工艺手段、配饰运用以及搭配方式等流行元素基本上是由这三个基本的关键元素决定的。

图2-27 毛衫图案流行趋势

图2-28 毛衫组织针法

异质流苏　　穿带　　穿绳

串珠流苏　　抽绳

同质流苏　　蝴蝶结　　褶饰

兔耳结　　褶饰

图2-29　毛衫流苏＆绳饰＆结饰等工艺

贴布绣　　机绣

绳绣　　珠片绣　　缎带绣

毛巾绣　　手工平绣

图2-30　毛衫刺绣工艺

与蕾丝拼接　　与皮革拼接

与纱拼接　　与皮草拼接

与机织面料拼接

图2-31　毛衫拼接工艺

做旧

羽毛　　　　　　　　穿毛条

拉链

图2-32　毛衫其他装饰工艺

（1）造型元素

　　造型元素包括服装的廓型和各个局部的造型。廓型是服装的骨架和基础（图2-33）。局部的造型主要指服装内部的结构和领、袖、口袋、门襟、下摆等部件的造型。服装的廓型和内部结构是造型元素，它的长度、曲直、粗细、方向等特征决定了服装的性格。

（2）色彩元素

　　色彩是吸引消费者靠近的首要因素。提炼毛衫色彩元素时，需要考察流行色彩本身的色相、纯度和明度，还要考查因色彩变化而产生的图案变化等。同时也要考虑是否符合品牌的定位、在不同材质上的观感，以及流行色与品牌常用色的搭配等因素（图2-34）。

（3）面料元素

　　面料是服装的物质载体，对服装造型和色彩的塑造起着至关重要的作用。毛衫成型直接由纱线开始，因此提炼毛衫的面料元素是要从流行纱线的成分、外观、手感、质地、

图2-33　不同品牌后片加大的廓型

图2-34　20/21秋冬关键色（大地黄）

粗细等几个方面进行，在流行纱线与品牌定位之间找到平衡点。

对造型、色彩、图案和装饰等构成产品整体风格的最基本单位有了深入了解后，对市场流行风格自然有了整体的印象。设计师可以在品牌固有风格的基础上，融入当下市场主流风格，搭配形成新一季的产品风格。

2.2.2.4　流行趋势报告

流行趋势整合完成后应及时撰写趋势报告，以便将流行信息与所服务品牌的产品定位相结合，确定新一季产品的风格。一般包括趋势主题、文字说明以及相关的图片等（图2-35）。

通过修身廓型改良细针距开衫

·作为2020春夏的核心单品，修身细针开衫极具独特魅力。
·这款百搭开衫可以搭配腰带单穿，也可以当作层搭单品。
·紧随经典优雅趋势，采用精制纱线和罗纹组织。融入修身板型、量感衣袖或柔和的粉蜡色配色，保留款式的柔美感。

图2-35　WGSN2020春夏针织单品流行趋势报告

2.2.2.5　流行元素的应用

（1）筛选

就某个特定的服装品牌而言，不是所有的流行元素都能应用或必须应用的，所以需要设计师对各种渠道收集的流行元素进行过滤、筛选。例如，根据流行趋势预测，未来的某一季市场上可能会大量流行蕾丝、刺绣等流行元素，但对那些运动休闲、经典等风格的品牌来说，是不可能会运用到此类流行元素的。

（2）消化

对于那些筛选出来的适合自身品牌的流行元素，也不能丝毫不修改就应用到自己的设计中。因为服装企业的产品只针对特定的消费群体，所以还要对选出的流行元素加以分解、重组，以符合本品牌风格以及相应的目标消费者的品位。例如，同样的优雅风格，由于文化差异，东西方服饰有着不一样的表达，相应的流行元素也会存在不一样的表现方式。

（3）创新

通过对流行元素的筛选、消化和吸收，创造出新的设计元素，可以由现有的流行元素进行转化。转化可以采用非破坏性的创新手法，如改变流行元素的位置、大小、肌理、质感、颜色等。

通过对流行趋势的调研整合，提取恰当的流行元素并加以创新应用，这是品牌毛衫立足市场的有效方式。

课后练习

1 参考品牌市场调查：调查与项目合作定位相似的品牌，从其品牌风格、产品类别、目标消费群等方面展开调查，并与课程合作品牌进行分析比较。

2 流行趋势调查：通过浏览WGSN、Pop-Fashion等专业前瞻性流行趋势网站，搜集毛衫（女装）风格、廓型、细节、色彩、工艺等方面的流行趋势，并撰写分析报告。

3 毛衫市场调研：调研周边服装市场上的毛衫产品，并与专业流行趋势网站的资讯进行比较，分析比较两者的流行度差异。

项目二：获取设计灵感与规划主题

项目描述 了解设计灵感的获取方法及渠道，掌握服装主题的规划方法，为设计任务确定明确的主题。

知识准备 针对目标品牌收集、固定设计灵感，提炼设计元素；明确设计主题，制作主题概念板。

工作步骤 讲授、资料收集、分析、讨论、模拟设计。

3.1 获取设计灵感

3.1.1 灵感概述

灵感也叫灵感思维，是指人们经过长时间的实践与思考后，根据对事物新的理解与认识，或借助某种启示而融会贯通时突然激发出一种领悟或新的想法，是创造性思维的结果。灵感思维普遍存在于人们的思维活动中，它不是按照归纳和演绎、分析和综合等逻辑程序出现的，它的发生也不是有目的、有意识的，而是无目的、无意识、非理性、非逻辑的过程，具有情绪性、突发性、超常性、易逝性、瞬时性、偶然性、不可重复性等特征。

设计是一种具有强烈活力的艺术形式，好的设计是具有创新性的，设计的创新离不开设计师的灵感，灵感对于设计师来说就是一切创作的起源。设计思维活动也是人类创造性思维活动中的一种方式，也同样具有灵感思维的特征。设计灵感不是凭空产生的，它是设计师的实践经验作用于大脑的结果，需要长期的积累和探索，才能在偶发情况下产生。

服装作为一种现代商品，具有工艺美术的性质，即以实用价值为前提，同时又富有审美价值及艺术性。因此，服装设计是实用性与艺术性的统一体，它不仅是一项技术性强的工作，还是一种充满挑战、具有创造性的艺术活动。服装设计的核心是创新，灵感是保证服装设计持续保持创新力和生命力的关键。如果说产品构架是骨架，那么灵感就是灵魂，主题设计则是经脉，设计元素就是充实于其中的血肉。在服装产品供大于求的当今社会，服装设计需要更多的灵感支持才能引领时尚并在行业竞争中立于不败之地。

3.1.2 灵感来源

灵感的来源无处不在，它是一种复杂的心理现象，以一定的经验事实和理论知识为基础。设计创作过程中的灵感是结合无意识与意识、非自觉与自觉、非理性与理性共同存在的。服装设计中的灵感来源是极为丰富且多样化的，主要包括生活、自然、艺术、文化、流行资讯、新技术等。

3.1.2.1 生活

人们生活中所接触和感受的各种事物，都可以擦出设计的火花。任何灵感不可能是无源之水、无本之木，它是生活中的万事万物在人的思维中长期积累的产物。俄文艺理论家尼古拉·车尔尼雪夫斯基在《艺术对现实的审美关系》中的"艺术来源于生活""美是生活"，就是指没有生活原型或者现象就没有艺术创作的源头和灵感，美不是主观自生的，美存在于现实之中。生活中的一切，包括听过的音乐、看过的电影电视、见过的风景建筑等，任何事情都可以作为服装设计的灵感来源。除此之外，我们在日常生活中不同成长阶段的记忆和情怀，如旅行、游戏、童话故事和卡通形象、食物等也可以作为灵感来源（图3-1、图3-2）。

3.1.2.2 自然

近年来，随着全球工业化进程加快、环境污染严重以及自然能源流失，人类和自然的生存空间遭到严重威胁，生活在快节奏都市生活中的人们越来越渴望回归自然。在这种意识指导下，不断从变化万千的大自然中汲取灵感成为许多服装设计师表现设计意图、满足消费者精神和物质需求，体现其对自然万物以及生态、生命热爱的

图3-1　KYE以幽灵为灵感

图3-2　Minjukim以卡通动物形象为灵感

重要手段之一。自然界的任何事物都能激发人的思维，使人从中捕捉灵感，如自然环境、植物、动物等。这些自然的生物和物态形象具有天然的形态美、色彩美和肌理美，在崇尚回归自然的潮流中，服装设计师将自然的智慧融入创作中，把服装的造型、色彩、材料、图案与自然紧密联系在一起（图3-3~图3-5）。

图3-3　Antonio Marras以植物为灵感　图3-4　TINA GIA以动物为灵感　图3-5　Just In XX以人为灵感

3.1.2.3　艺术

　　艺术包括民间艺术和姊妹艺术。民间艺术是指由那些没有受过正规艺术训练，但掌握了既定传统风格和技艺的普通老百姓所制作的艺术品、手工艺品和装饰性物品。一个国家或地区均可能产生出一种典型的民间艺术。例如，我国的蓝染、刺绣、石雕等，这些都是很有特点的素材，仍值得现代服装的借鉴。服装也被称为"凝固的音乐""流动的建筑""绚丽的绘画""变幻的电影"等。可见艺术都是相通的，建筑、绘画、音乐、舞蹈、电影、文学等姊妹艺术与服装的流行和发展有着不解之缘，包含着许多服装上所需要的信息，当我们借鉴或吸取服装的姊妹艺术时灵感才会源源不断（图3-6、图3-7）。

3.1.2.4　文化

　　文化是人类社会相对于经济、政治而言的精神活动及其产物，分为物质和非物质文化。优秀的民族文化是设计师眼中取之不尽，用之不竭的资源，如服饰、书法等。设计师可以在前人积累的文化遗产和审美趣味中提取精华，使之变成设计服装的灵感来源（图3-8、图3-9）。

3.1.2.5　流行资讯

　　设计师也可从流行趋势的预测中获取灵感，从而确定设计主题。包括知名品牌时装秀、设计师的时装发布会，国内外一些专门机构对色彩、纱线及面料的流行趋势的研究发布，以及有关时尚的杂志、期刊、报纸、电视、影像资料等国内外流行资讯及情报导向等（图3-10）。

3.1.2.6　新技术

　　新技术是较为可靠的灵感来源切入点，包括新材料、新工艺和新设备。科学技术的

图3-6 Graphiste Man.G以涂鸦为灵感

图3-7 Etro以建筑为灵感

图3-8 Lanvin以西方传统格纹为灵感

图3-9 Vivienne Westwood以东方龙纹为灵感

重塑经典打造全新运动外观

Lacoste

深入解读LACOSTE品牌本身，为20/21秋冬系列带来丰富灵感。将运动元素与当代风格融合，一分为二的针织连衣裙、条纹针织衣领、流苏Logo、超大廓型等，兼具功能性和设计感。不同的Polo更新款式重塑了传统的Polo衫，致敬经典。

关键细节/单品：流苏工艺、针织Polo连衣裙、超大V领落肩毛衣。

WGSN

图3-10　Lacoste 20/21秋冬女装毛衫关键细节/单品预测重塑经典

进步，给服饰领域带来了无限发展空间，高科技、网络、新的纺织面料和加工技术的应用开拓了设计思路，从某种意义上来说，科学创造了时尚（图3-11、图3-12）。

图3-11　UltraChic现代扎染新技术

图3-12　Junne金属光泽打造科技质感毛衫

除了以上灵感来源渠道，设计师还可以从博物馆和艺术画廊得到丰富多样的信息资料。从服装史中提取曾经出现过的经典样式，去跳蚤市场和二手店探寻、发掘和查找信息来源，或者在旅行途中关注异域的文化。从电影、戏剧和音乐作品中，从街头和年轻人的文化中，获取时尚的灵感来源。最后，还可以通过对设计师的案例研究，从他们的成功经验中总结共同点和成功的实践例证。

3.1.3　寻找属于品牌的特定灵感

设计是一件需要创造力的事情，需要从其他地方获取灵感。灵感调研一般是从情绪和感觉等抽象的概念入手，最终落实到具体的东西，如廓型、面料、色彩等这些具体的设计细节上面。大部分项目都需要找参考才知道怎么做，要么容易产生无从下手的感觉。搜集可供参考的灵感素材的能力非常重要，它不仅直接决定着工作效率与设计质量，还能帮助设计师找到正确的方向指引以及灵感的来源，从而达到有效完成设计工作的目的。

每个服装品牌都有自己特定的品牌内涵，在着手新一季的产品策划时，必须以自己的品牌为依据寻找自己想要的灵感来源，奠定贯穿自己整个系列的主线。

因此，设计师尤其是新入职的设计师首先应充分地了解并掌握所服务品牌的产品风格和特点。当确定好大体风格和方向之后，这样在寻找灵感来源时才能做到有所取舍、去芜存菁，更好地为设计服务。即使与其他品牌面对同样的灵感妙思，也可以根据品牌定位、成本核算等实际情况的约束，筛选和加工出特定的设计元素，设计出符合自己品牌特定风格的产品。当确定好大体风格和方

向之后，可以从参考品牌入手，寻找类似设计风格中的共性和差异化，吸纳为自己设计作品中的具体实施方法，"为己所用"。

3.1.4　固定灵感

对于服装设计来说，固定灵感是非常重要的步骤，但灵感飘忽不定，而从灵感到实际的设计作品中间又是一个漫长而复杂的过程。因此，一旦确定了灵感来源，定好了灵感的主题方向后，要考虑的是如何进行捕捉保存、挖掘提炼、开发转化、实现价值，让灵感得到深化。

一般来说，固定灵感的关键和步骤如下。

3.1.4.1　搜集资料

搜集一切与主题灵感有关的实物或者图片，了解、熟悉、认识自己选择的设计灵感。

3.1.4.2　头脑风暴

通过绘制思维导图（图3-13），迅速把脑海里能根据灵感来源想象的关键词写下来，发散思维，极尽联想。这个过程不仅需要设计师在头脑中搜寻到新的东西，思维搜索的东西必须和自己之前的关键词汇有关，而且能够给自己带来情感上的共鸣。

3.1.4.3　联想固定

联想固定是指对关键词进行联想，将之视觉化，搜寻相关图片结合文字固定下来（图3-14）。

从形式上看，灵感板与主题板差别似乎不大，但实质上灵感只是项目初期模糊的方向，并不具有确定性。而主题是整个项目的重心和思想。它还包括了设计的概念、风格，市场定位和技术支持等。主题一旦确定便不能随意更改。当然，灵感和主题并没有轻重之分，都是为同一个项目搭建最基础框架服务。

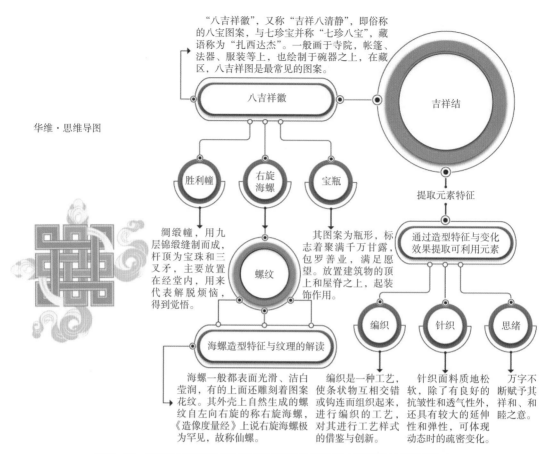

"八吉祥徽"，又称"吉祥八清静"，即俗称的八宝图案，与七珍宝并称"七珍八宝"，藏语称为"扎西达杰"。一般画于寺院、帐篷、法器、服装等上，也绘制于碗器之上，在藏区，八吉祥图是最常见的图案。

八吉祥徽

吉祥结

华维·思维导图

胜利幢　右旋海螺　宝瓶

提取元素特征

绸缎幢，用九层锦缎缝制而成，杆顶为宝珠和三叉矛，主要放置在经堂内，用来代表解脱烦恼，得到觉悟。

螺纹

其图案为瓶形，标志着聚满千万甘露，包罗善业，满足愿望。放置建筑物的顶上和屋脊之上，起装饰作用。

通过造型特征与变化效果提取可利用元素

海螺造型特征与纹理的解读

编织　针织　思绪

海螺一般都表面光滑、洁白莹润，有的上面还雕刻着图案花纹。其外壳上自然生成的螺纹自左向右旋的称右旋海螺，《造像度量经》上说右旋海螺极为罕见，故称仙螺。

编织是一种工艺，使条状物互相交错或钩连而组织起来，进行编织的工艺，对其进行工艺样式的借鉴与创新。

针织面料质地松软，除了有良好的抗皱性和透气性外，还具有较大的延伸性和弹性，可体现动态时的疏密变化。

万字不断赋予其祥和、和睦之意。

图3-13　以藏族吉祥结为灵感来源展开的头脑风暴（服饰151班祁泽宇）

EXCLUSIVE POOL

组员：朱婧娴　傅锌雅　翁欣烁
　　　张惠惠　徐晓

FROM MARRAKECH TO LOVE

组员：逢雅迪　王凤至　杜云鹤
　　　施哲文　项建卫

图3-14　毛衫款式设计灵感板（服饰171班、172班学生）

3.2 规划设计主题

　　主题的确立是设计作品成功的重要因素之一。服装设计作品不是选择好灵感来源就可以直接设计得出结论的，而是从确定设计主题，并经过初期的信息搜寻、汇集和整理等，进而从服装设计的角度对服装造型、色彩、面料、装饰、工艺等进行深入调研分析的过程。

　　设计灵感固定后应立刻着手规划设计主题，对灵感来源中的可视资料进行素材提取、分析整理、确定主题、完成主题板的制作。

3.2.1　设计主题的概念

　　设计主题指设计作品所围绕的题目、所蕴含的中心思想和所需要体现的风格，是作品内容的主体和核心。设计主题一般都要命名，主题的名字要能反映主题的内容。对目标明确、战略清晰的企业来说，所有的主题反映的都是植根于满足目标消费群的文化偏好研究，主题的设定是在理念设定的风格范围之内进行的，体现为企业全力倡导和营造的文化生活理念和某种生活文化哲学。

3.2.2　设计主题的意义

　　主题对于企业、设计团队和产品都有重要的价值。主题的确定能使设计风格统一，产品的指向性更强。有了明确的设计主题，设计师面对众多设计题材和面料、辅料、配饰、色彩等设计元素时，才有中心思想和主线可以遵循而不至于偏离方向。同时，清晰明朗的主题概念还可以通过产品向市场传达企业文化和品牌所提倡的生活方式等，为企业培养更多忠实的消费者。因此，主题定立的好坏，直接关系到品牌产品的畅销与否。

3.2.3　设计主题的内容

　　设计主题的确定不是一时的灵感闪现，而是在充分调查消费者需求和欲望的基础上，通过大量的素材搜集，并对这些资料进行科学的总结和分析而得来的。每年根据品牌要求，结合流行趋势先定一个明确的大主题，在这个大主题下再分出数个分主题，也就是系列主题。一般情况下，一季度产品可分为三至五个系列主题，以图片为主结合精炼的文字对系列主题进行定义、诠释。在各个系列主题中，关键的款式、色彩搭配、面料的质感、图案等在特点上既有区别又有联系，从属于大主题。

　　广义的主题包含了主题文字、主题色彩、主题面料、关键款式等内容。狭义的主题则仅指文字部分。一般品牌的设计主题以广义居多。例如，课程合作品牌19/20秋冬产品规划主题的内容也包含了文字概念（图3-15）、

图3-15　Ca'VAGAN19/20秋冬主题文字概念

色彩概念（图3-16）、材质概念（图3-17）、款式概念（图3-18）等内容。

本季在品牌经典色黑白灰、驼色中增加了细微差别的紫色、红色、勃艮第红，色彩更加丰富。

图3-16　Ca'VAGAN19/20秋冬主题色彩概念

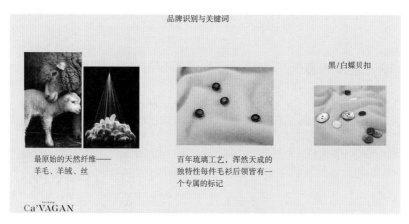

图3-17　Ca'VAGAN19/20秋冬主题材质概念

图3-18　Ca'VAGAN19/20秋冬主题关键款式

3.2.4 制作主题概念板

3.2.4.1 确定设计主题

在制作主题概念板之前先要确定设计主题，设计主题是根据流行趋势、品牌定位、品牌风格以及商品销售波段计划等来确定的。例如Ca'VAGAN 2020春夏就设计了五个主题（表3-1）。

表3-1 Ca'VAGAN 2020春夏设计主题

序号	主题名	波段计划
1	Laguna Veneta（威尼斯潟湖）	2月10日
2	From Marrakesh With Love（来自马拉喀什的爱）	3月12日
3	First Sun: Tribute To 1920（第一缕阳光：致敬1920）	4月10日
4	Exclusive Club（专属俱乐部）	5月8日
5	Exotic Travel（异域旅行）	6月10日

从这五个主题名上可以体会到品牌来自意大利的DNA，风格优雅时尚，核心顾客是崇尚低调奢华的生活方式的女性。同时主题还反映了复古的时尚潮流，以及商品和销售波段之间在服装款式、色彩、材质等方面的契合程度。

3.2.4.2 搜集相关风格的流行元素

服装风格常见有都市、田园、嬉皮、朋克、未来及运动休闲等。不同的风格都有自己对应的流行元素，但流行元素并不是某种风格专用的，在某个流行周期内，一种流行元素甚至会在多种风格的服装上呈现，只是表达的方式有所差异。例如，19/20秋冬、2020春夏连续两季荷叶边都是热门的设计元素，在少淑风、简欧中淑风以及运动休闲风等服装上都有所体现（图3-19~图3-21）。

图3-19 Bora Aksu少淑风

图3-20　CHAU·RISING简欧中淑风

图3-21　MINNANHU运动休闲风

设计师要做的是对搜集的流行元素进行分析，归纳总结出各流行元素在不同风格下的共性，进而提取适合自己品牌的关键款式、色彩、面料以及细节等。

3.2.4.3 用概念板表达主题设计的相关流行元素

一般服装公司会借助一个或多个概念板来表达设计主题，通过细致的文字和与款式、色彩及面料等相关的图片来解释主题概念。

主题概念板里面的文字可以是一个题目和概念，对主题大方向的定义，也可以是对设计风格和设计思路的概括。

主题色彩是指表达主题概念的一组或多组色彩，是对主题用色方面的界定，渲染出主题的气氛。色彩分为基本色和点缀色，即主色和辅色。一个季度有多个系列主题时，设计师要有计划、有主题、有节奏地理性安排色彩计划，既要遵循季节变化的规律，又要考虑各个系列色彩的独立性和系列之间的可搭配性，以大延续、小变化的色彩设计手法来确定产品的整体色调。

主题面料是指在主题板里面真实呈现的一组或者多组面辅料小样或图片，用于表达产品的整体色彩和质感风格，这些面料以收集来的面料流行趋势为基础，也是将来成衣要用到的面料。在选择主题面料时，既要考虑是否符合品牌风格和产品特点，也要考虑其时尚性，同时还要充分考虑到各种不同手感、组织风格的合理、有效搭配和组合。最后还要考虑价格是否与品牌定位相符。

关键款式是指在主题概念下的参考款式或款式设计，款式要符合主题色彩、主题面料的感觉。廓型必须考虑大的时尚印象，设计师在掌握服装整体造型的基础上，也要考虑到细节的处理方式。对于大多数品牌来说，细节和部件的设计是区别于其他品牌的秘诀所在。细节设计要服从整体的风格。

图3-22~图3-26是Ca'VAGAN 2020春夏的五个主题概念板。主题版包含主题名、Logo、情境氛围、关键款式、色彩搭配，以及装饰图案、面料质感特征等图片。各系列既有区别又有联系，表达了崇尚独特优雅的现代都市女性的多彩生活。

图3-22　Ca'VAGAN 2020春夏系列主题一

图3-23　Ca'VAGAN 2020春夏系列主题二

图3-24　Ca'VAGAN 2020春夏系列主题三

图3-25　Ca'VAGAN 2020春夏系列主题四

图3-26　Ca'VAGAN 2020春夏系列主题五

　　虽然在许多公司通常由设计总监完成主题概念板，但每个设计师都要对概念板仔细地研读，通过概念板的直观表达，设计师才能理清自己的思路，对设计主题的外围和内涵有更清晰的界定。因此，在毛衫款式设计课程中，要求学生在对课程合作品牌从分析品牌定位、消费群体定位开始，在品牌已有主题板的基础上，结合流行趋势重新规划该品牌的设计主题。

　　学生制作主题板可以以电子主题板和实物板两种形式呈现，图3-27、图3-28是学生制作的电子主题板，图3-29是学生制作

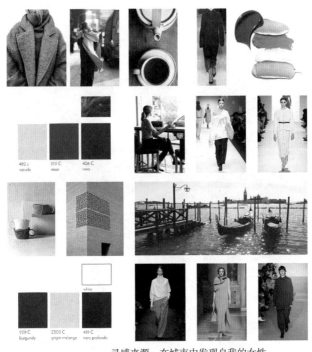

主题一：经典优雅

灵感来源：在城市中发现自我的女性
色彩：奶油白、建筑灰、静夜黑、勃艮第红
材质：美丽诺羊毛、羊绒、马海毛
工艺：绞花、凸条、绣花

图3-27　Ca'VAGAN 系列主题一（服饰151班祁泽宇）

灵感来源：追求休闲、个性的现代化女性

色彩：奶油白、可可棕、暖沙色

主题二：别致休闲　工艺：绣花、彩条、色块、绞花

材质：美丽诺羊毛、马海毛、羊驼毛

图3-28　Ca'VAGAN系列主题二（服饰151班祁泽宇）

图3-29　Ca'VAGAN系列主题三（服饰181班何霜霜）

的实物主题板。

电子主题板最为常见，因其制作方便、成本低，可以在大量的灵感素材中进行比较、挑选，从而选择最合适的方案。实物主题板主要通过绘制或粘贴图片、粘贴面辅料和纱线小样等形式来实现。实物主题板虽然不如电子主题板那么方便、低成本，但更直观，并且可以对灵感图片通过绘画、拼贴、并置或解构等手法进行再设计，从而使设计风格、设计方向等更为明确、直观。

在主题板的基础上进行毛衫款式设计，可以使毛衫产品始终保持既定的风格，各类设计元素的运用不至于偏离方向。

课后
练习

1 通过收集和分析，归纳适合课程合作品牌风格定位的特定灵感。

2 为该品牌规划设计主题，包括色彩、面料、装饰、关键款式等，并通过主题概念板的形式将制定的主题具体地表达出来，以利于任务的实施和完成。

项目三：造型设计

项目描述 通过对毛衫造型拆解式的理解，掌握毛衫整体造型设计的方法。

知识准备 毛衫造型的形式美构成要素、毛衫设计的形式美法则、毛衫外轮廓、结构线和零部件的造型设计方法。

工作步骤 讲授、资料收集分析、讨论、模拟设计。

4.1 关于造型

4.1.1 造型与服装造型

在设计学科中，广义的造型指以艺术表现为目的，并具有一定美术要素的实用物之形态。狭义的造型即造型艺术，包括绘画、雕塑、摄影艺术、书法艺术、版画、工艺美术、篆刻、艺术设计等，是指用一定的物质材料（如绘画用颜料、墨、绢、布、纸、木板等，雕塑、工艺用木、石、泥、玻璃、金属等，建筑用多种建筑材料等），按照审美要求塑造可视的平面或立体形象的艺术。物体处于空间的形状是由物体的外部轮廓和内部结构结合起来形成的，不同的物体不仅形状不同，特征各异，也有着各自的内在结构。造型便是把握物体的主要特征所创造出的物体形象。

服装造型是指服装在形态上的结构关系和空间上的存在方式。点、线、面、体是一切造型的基本要素，在服装造型艺术范畴内，服装的用途、使用价值、艺术表现，以及服装材料和制造技术手段等，都是构成服装造型的要素。服装造型艺术与其他造型艺术的区别在于服装造型建立在人体结构和比例的基础上，并遵循人体运动规律。

4.1.2 毛衫造型设计

服装造型设计即创造人体服装的整体形态及风格样式。其任务就是确定服装的结构和形状，赋予材质，选择服装色彩，最终符合人们审美需求和服用功能，即能同时满足形态、色彩、视觉和情感需要的服装。毛衫的造型就是借助于人体基础以外的空间，用材料特性和制作工艺手段，塑造一个以人体和材料共同构成的立体的服装形象。

毛衫造型设计是在一般服装造型的基础

上，根据毛衫所特有的材料和工艺特点等因素，以人体形态为本，进行服装造型的过程。毛衫造型设计可从外部造型和内部造型两个方面展开。外部造型也称整体造型，一般以廓型为代表，是服装整体形态的概括，强调对服装空间感和体积感的把握。内部造型即局部造型，包括结构线和零部件设计，也就是组合形式和细节造型设计（图4-1）。

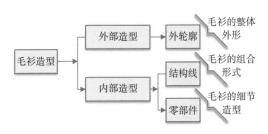

图4-1　毛衫造型设计的内涵

4.2 毛衫造型的形式美构成要素

造型要素是指构成某种造型的主要因素，也是某种造型的具体表现形式。任何造型都是通过这些要素的不同使用而构成各异的形态。点、线、面是一切造型艺术最基本的要素和基础，也是服装造型形式美的基础要素。毛衫造型设计，就是按照形式美的规律和法则，通过对点、线、面的组合以及分割、积聚、排列而产生形态各异的造型。

4.2.1　点

几何学的点只表示位置，没有大小面积等区别。造型设计中的点是人们视觉感受中

相对小的形态，具有位置、大小，同时也具有面积、形态，有的还具有方向性，只要与其所处的空间相比显得细小时就会被感知为"点"。点在造型设计中的作用取决于点在所处空间中的位置、数量、大小、形状、质地以及排列方式等，其中位置和数量是关键（图4-2）。

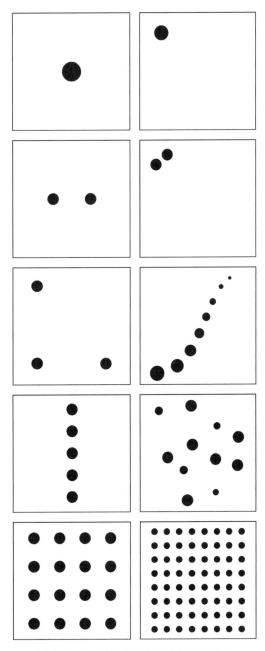

图4-2　不同位置和数量的点的视觉效果

4.2.1.1 点的视觉效果

①一个点进入一个空间，且处于中心位置时，给人的感觉是静止、单调的。

②点处于空间的一侧或一角，给人不安定感和游动感。

③两点在空间中距离中心点等距的位置时，给人静止、对称或均衡的感觉。

④两点位置偏离中心时，更吸引视线，且两点彼此靠近时的张力比两点远离时更大。

⑤三个点可以引导视线流动，如果这三个点按一定的秩序排列，会具有稳定感。

⑥一定数目的点按大小次序排列，可产生节奏、韵律和规则感。

⑦数点在平面上等距排列时，具有规则感和秩序感。

⑧随机排列的大小不同的点，有空间感和动感。

⑨规律排列且较大的点给人硬朗之感。

⑩规律排列但较小的点给人柔和之感。

4.2.1.2 点的表现形式

通过不同质地、位置、形状、色彩的某些特征及与周围环境对比，点表现出不同的形态，赋予毛衫不同的性格特征。毛衫中点的表现形式主要有辅料类、饰品类和面料工艺类三种。

辅料类的点包括纽扣、珠片、线迹等。这些点状的辅料既有功能性，又有装饰性（图4-3）。饰品类的点有蝴蝶结、胸花、装饰扣等，常用来装饰强调服装的领、肩、胸、腰、边口等重点部位，使其成为毛衫的视觉中心（图4-4）。面料工艺类的点主要为采用提花、绣花、印花、扎花、镂空等工艺手段表现的图案，往往是毛衫上的设计重点（图4-5）。

图4-3 辅料表现的点

图4-4 饰品表现的点

图4-5 工艺表现的点

4.2.2 线

从几何学上来说，线是点移动的轨迹，没有宽度和厚度，只有位置、长度和方向。造型设计中的线则不仅有位置、长度、粗细的不同，还有远近、方向、轨迹、色彩、材质、明度的变化。线可以起到分割空间区域的作用，有明确的视觉传达功能。从线的种类来看，线有曲直、粗细、虚实之分，不同的线型给人的视觉感受也不同（图4-6）。

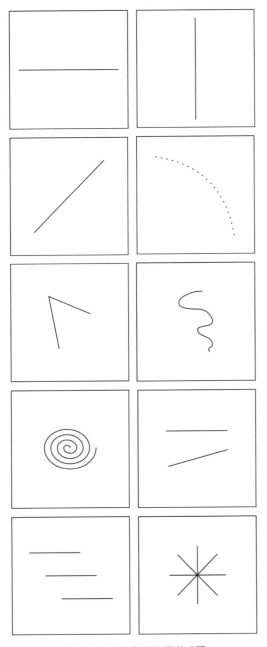

图4-6　不同线型的视觉感受

4.2.2.1　线的视觉效果

①水平线：具有静寂、平和、开阔感，使人联想到风平浪静的水面、远方的地平线。

②垂直线：使人联想起庄重、严肃的场面，具有修长、高耸、挺拔和崇高的感觉。

③斜线：具有较强的速度感和方向感，具有飞跃前进的感觉，使人感受到激情与活力。

④虚线：有犹豫、速度、不安定的特性，运用在服装上会产生活泼、轻松的感觉。

⑤折线：给人动荡、紧张和跳跃之感。

⑥自由曲线：有自由流畅、轻快活泼、华丽优美的特性，给人激情、浪漫的感觉。

⑦几何曲线：给人规范、典雅、节奏、秩序和柔美的感觉。

⑧当两条线不平行也不相交时，给人舒缓的感觉。

⑨当多条线按一定的规律相错排列时，会造成运动感。

⑩当多条线相交于一点时，会产生强烈的凝聚之感。

4.2.2.2　线的表现形式

线是服装设计中必不可少的造型元素，不同形式的线的构成，表现出不同的视觉效果。在毛衫上主要通过造型线（图4-7）、工艺手法（图4-8）、辅料（图4-9）和服饰品（图4-10）等形式来表现。

4.2.3　面

点的扩大可以形成面，线的加宽可以形成面，线的围合同样也可以形成面。几何学的面是抽象的概念，但造型设计中的面可以有厚度、色彩和质感，其形态具有多样性和可变性。

面具有丰富的形态。面的切割、组合以

服装造型线包括廓型线、基准线、结构线、装饰线和分割线等。上图毛衫采用H廓型打造简洁洒脱的风格

毛衫工艺手法有提花、嵌花、纵横条、绣花、镶拼等。上图毛衫采用提花工艺增强服装的视觉和艺术效果

服装上能形成线状装饰感的辅料主要有绳带、拉链以及成排的扣子等。上图毛衫运用绳状流苏增强服装的层次感和韵律感，并与前胸的线条装饰形成呼应

服装上的线感饰品包括项链、挂饰、腰带、围巾等。上图毛衫用一条黑色的细绳缠绕在胸腰处，增加层次感和动感，使服装的视觉效果更加丰富

图4-7　造型线　　　　图4-8　工艺手法　　　　图4-9　辅料　　　　图4-10　服饰品

及面与面的重叠和旋转，都可以产生各种新的面，包括几何形、有机形、自然形和偶然形等。不同形态的面，其表情主要依据面的

边缘线而呈现（图4-11）。

4.2.3.1　面的视觉效果

图4-11　不同形态的面的视觉感受

①正方形：基础平面中最客观的形态，由水平和垂直线组合并保持平衡，有稳定感。

②圆形：是最单纯的曲线围成的面，在平面形态中具有静止或轻快的感觉。

③三角形：由直、斜线组合，其构造、方向、均衡具有更复杂的性格，稳定、牢固。

④有机图形：指无规律的、复杂多样且千差万别的图形，容易让人产生联想，引起兴趣，不容易产生呆板、乏味、枯燥的感觉。

⑤等腰钝角三角形：让人联想到远山，具有安定、踏实和亲切的感觉。

⑥倒三角形：给人动感和不安定感，同时也有一种力量感。

⑦等腰锐角三角形：给人时髦、尖锐、修长，同时也有点不安定的感觉。

⑧两个正方形面的重叠组合，在稳定的同时增加了层次感。

⑨两个平行四边形的重叠组合，形成交错感。

⑩性格相异的面的构造、组合，具有时尚、先锋之感。

4.2.3.2 面的表现形式

面的造型构成是在服装立体形态上利用平面的面料，通过弯曲、连接、折叠等手段，使毛衫造型形成或平面、或立体等不同的视觉效果。毛衫款式中面的表现形式主要有：毛衫的衣片（图4-12）、毛衫的零部件（图4-13）、大面积的装饰图案（图4-14）、服饰品（图4-15）以及工艺手法（图4-16）等。

服装款式是以点、线、面为基本要素构成的，点、线、面之间富于联系又相互制约。在服装设计中，对点、线、面的运用是没有绝对界限的，要视其形的相对大小而论。

点、线、面在毛衫款式中的综合运用应有所侧重，或以面为主，或以线为主，或把点突出，切忌平均运用，杂乱堆砌。

毛衫衣片主要包括前后片和袖片，运用不同面积、形状、材质或色彩的衣片组合，丰富毛衫的视觉效果，使毛衫更富有层次和韵律感

图4-12 衣片表现的面

通过改变毛衫零部件的形状、色彩、材质以及比例等，形成不同的视觉效果

图4-13 零部件表现的面

毛衫上经常会使用大面积装饰图案，图案往往会形成视觉中心

服装上面造型较强的服饰品主要有围巾、装饰性的扁平的包袋、披肩等

利用毛衫组织结构所形成的面的造型，结合色彩变化突出面的造型

图4-14　装饰图案表现的面　　　　　图4-15　服饰品表现的面　　　　　图4-16　工艺手法表现的面

4.3 毛衫设计中的形式美法则

形式美是指客观事物外观形式的美，是指自然生活与艺术中各种形式要素及其按照美的规律构成组合所具有的美。形式美与自然的物质属性及其规律有着密切的联系，是概括和抽象的，具有相对独立的审美意义。所谓的形式美法则，就是在对事物充分分析的基础上用一定的形态对"质"加以体现，即用形态体现本质美。

毛衫设计也遵循一定的形式美法则，毛衫设计中的形式美法则以人体结构为依据，以服装造型为核心，以色彩的配置、服装的材料等为辅助。具体表现在整体与局部，多样与统一，对比与调和，均齐与平衡，尺度与比例，节奏与韵律之中。设计师必须掌握

这些规律，并在设计中加以灵活运用。

4.3.1　变化与统一

变化与统一是构成服装形式美的诸多法则中最基本、最重要的一条法则，同样适用于毛衫设计。任何一件服装都不是一个单独的个体，服装设计是一个千变万化的设计过程，当造型、材料、色调、花样等相异的各种要素组合在一起时会造成明显的对比和差异的感觉。而通过相互关联、呼应、衬托等手段，便可使各个要素间的对立从属于有秩序的关系之中，达到整体关系的协调统一，形成同一性和秩序感（图4-17）。

4.3.2　对比与调和

对比与调和是服装设计中的两种对立形式。对比是借两种或多种有差异的要素之间的对照，质和量相反或极不相同的要素排列在一起就会形成对比；调和是将有对比的造型、材质、色彩等元素进行统一和协调，使整个设计效果和谐。

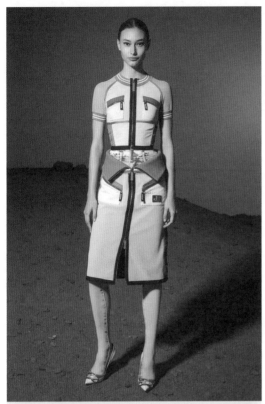

毛衫采用深浅不同的灰色与冷暖不同的朱红、大红搭配，在针织纱线外添加机织、皮革以及金属等材料，服装整体变化丰富；在色彩搭配与材料拼接中上下、左右呼应，使服装形成有序的变化与统一

不同色相和冷暖的色彩搭配，增加毛衫的轻快感和运动感，在此基础上内外、上下采用相同的图案来达到协调统一

图4-17　变化与统一

在毛衫设计中，如果只有对比没有调和会显得过于刺激、生硬，而仅有调和没有对比又会显得单调、乏味。因此，应遵循在对比中求调和，或是在调和中求对比的原则，使服装既突出个性又整体统一（图4-18）。

4.3.3　对称与均衡

对称是指事物中相同或相似的形式要素之间，相称的组合关系所构成的绝对平衡。毛衫设计中的对称给人整齐、庄重、安静的感觉，适合表现静态的稳重和沉静感（图4-19）。均衡也称平衡，在毛衫造型艺术中，均衡是指毛衫的不同部分和造型要素之间既对立又统一的空间关系。均衡的最大

特点是在支点两侧的造型要素不必相等或相同，它富有变化，形式自由（图4-20）。

均衡可以看作是对称的变体，对称也可以看作均衡的特例，均衡和对称都应该属于平衡的概念。

4.3.4　比例与尺度

在服装设计中，比例是指服装局部与局部、局部与整体之间的尺寸、不同色彩面积或不同部件的体积之间的对比关系。尺度则是指服装整体和局部与人体的整体和局部之间的大小关系。只要是符合变化与统一规律的比例与尺度都是美的（图4-21）。

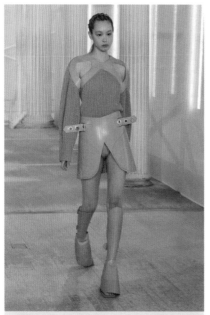

　　采用温暖、柔和的针织与光滑、硬挺的皮革两种面料，形成软与硬、光滑与粗糙的强烈对比，同时将主体形象的确立和主导色彩的统一作为获得统一与协调的手段，塑造了一款个性十足又不失和谐的毛衫

　　用不同粗细、不同质地的纱线，形成厚与薄、透与不透的对比，使简洁的毛衫款式增添了层次和韵律感

图4-18　对比与调和

　　此款毛衫以人体纵向中轴为界，左右两部分完全对称的造型、色彩、面料及装饰，使服装呈现出较强的秩序感和整体感

　　此款毛衫门襟向一侧倾斜，两边造型、面积不一，给人较强的不稳定感和动感，再通过色彩和图案的变化求得均衡

图4-19　对称　　　　　　　　　　图4-20　均衡

夸张的比例与尺度，营造毛衫洒脱、个性的风格　　　　　上下装的适中的比例使毛衫形成甜美的风格

图4-21　比例与尺度

4.3.5　节奏与韵律

节奏和韵律本是音乐的概念，节奏是一种音乐中音响节拍轻重缓急形成的有规律的变化和重复。韵律是节奏的变化形式，是比节奏更高一级的律动，是在节奏基础上更超越线形的起伏、流畅与和谐。节奏与韵律是统一不可分割的，互相依存、互为因果，反映秩序与协调的美。节奏注重运动过程中的形态的变化，更单纯、理性。韵律则犹如音乐中的旋律，是节奏的深化，更为感性。

在服装设计中，节奏变化可分为线的节奏、形的节奏和色彩的节奏；韵律主要有重复旋律、流动旋律、层次旋律、放射旋律、流线旋律、过渡旋律等（图4-22）。

现代设计的思维核心是人们的心理，设计师应掌握形式美规律，在毛衫设计中灵活运用。

4.4　毛衫的外轮廓设计

毛衫外轮廓造型（简称廓型）是指由人体和服装共同构成的毛衫整体外型。它摒弃了服装的具体结构和局部细节，以简洁、直观、明确的形象特征反映毛衫的造型风格，表达着装者的人体美，显示服装的整体效果。流行款式演变的最明显特征就是廓型的变化，在消费者更加多元需求的导向下，毛衫设计师应了解廓型，熟悉廓型，重视毛衫整体廓型的把握，将廓型设计放在毛衫造型

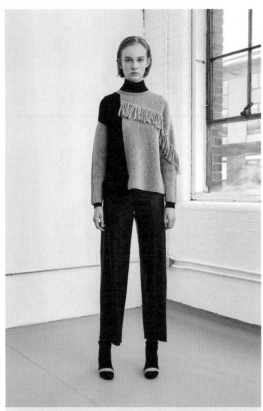

通过形的分割和色彩的间隔形成明快的节奏

运用褶皱工艺的线条感形成流畅的韵律

疏朗重复的彩色竖条形成的节奏感

彩色横条和图案的反复节奏形成了韵律

图4-22 节奏与韵律

设计的首要地位。

4.4.1 毛衫廓型的分类

毛衫廓型是对毛衫外轮廓进行简洁、扼要的概括，是用平面图形对毛衫实体三维空间的平面化解释。其表示法最常见的有简单明了、易识易记的字母型、物态型、几何形和体态型等。

4.4.1.1 字母型

以英文字母形态表现服装造型特征是最为常见的毛衫廓型表示法，可归纳为H型、A型、X型、T型、Y型、O型等（表4-1）。

表4-1　常见字母型毛衫廓型

廓型示意	廓型特征
	H型：以肩部为受力点，不收腰、窄下摆，类似于矩形、字母H等形状的毛衫廓型 造型特点：整体宽度相似，两侧廓型线近似平行，廓型线条多为直线型，给人以线条流畅、简洁、大方、庄重、舒适的感觉
	A型：以紧身型为基础，通过收缩肩部或收紧腰部，夸大底摆而造成一种上窄下宽的梯形印象，使整个廓型类似大写字母A 造型特点：给人以稳重、优雅、浪漫、活泼的效果

廓型示意	廓型特征
	  　　X型：是通过夸张肩部、底摆而收紧腰部，使整体外形显得上下部分宽松夸大，中间窄小的类似字母X的造型 　　造型特点：符合女性胸围、臀围较大，腰围较小的体型特征，造型富于变化，充满活泼、浪漫的情调
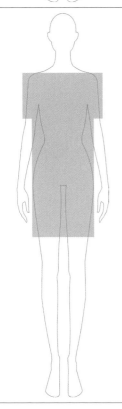	  　　T型：以松散的短袖、直筒的衣身为基本特征，外轮廓造型较宽松，肩部夸张，下摆内收形成上宽下窄的T型效果 　　造型特点：肩部宽，肩以下较窄，呈直筒型，轮廓线条多为直线型，T型毛衫偏中性气质，也可利用毛衫的柔和特性塑造甜美感

廓型示意	廓型特征
	  Y型：强调或夸张肩部，上大、下小的外轮廓造型 造型特点：肩部较宽，收腰，腰部以下呈直筒型或紧身型，轮廓线条多为弧线型或直线型，廓型线条比较夸张，通常会比较强烈的表现女性肢体的廓型
	  O型：指类似圆形、半圆形或椭圆形等形状的廓型 造型特点：廓型弧度大，廓型上面或下面收紧，中间宽大，廓型线条圆润，呈弧线型，毛衫的柔软、蓬松等特性能够很好的呈现O廓型的造型，能够很好的塑造女性柔和、圆润的形象

以上字母型廓型是毛衫的基本轮廓造型，它们既可用于单件服装，也可用于套装；既可单独运用，也可运用几种基本廓型拼合或者复合在一起组合成复杂型廓型。在

考虑毛衫外轮廓造型时，必须始终保持立体概念，尤其是复杂型廓型更要顾及侧身、后身的造型效果。

4.4.1.2　几何型

几何型廓型是在概括人体体型特点的基础上，将复杂的服装外轮廓线简化成直线和曲线的分类方法，具有简洁、直观，整体感强且造型分明的特点。当把服装廓型完全看成是直线和曲线的组合时，任何服装的廓型都可以是单个几何体，如长方形、正方形、圆形、椭圆形，梯形、三角形、球形，或多个几何体的排列组合。

几何型不但有形状的不同，还有立体和平面之分，如三角形、方形、圆形、梯形等属于平面几何形；长方体、锥形体、球形体属于立体几何形。在毛衫廓型构思过程中，既可以通过直线与曲线造型的有机结合，增添毛衫的美感；也可以通过几何形的多元组合，在简单的构成中追求变化，同时采用点线面要素加以综合表现，以丰富毛衫的款式造型。

图4-23所示Jil Sander毛衫采用多个扇形组合，以流畅的曲线为主，体现出简洁、优雅的女性风格；图4-24所示Eudon Choi毛衫则将男性化利落线条感的梯形廓型运用在女式针织背心上，体现其沉着、摩登且精致的服装风格。

图4-23　Jil Sander毛衫　　　　图4-24　Eudon Choi毛衫

4.4.1.3　物态型

生活和自然是服装设计重要的灵感来源。以大自然或生活中某一形态相像的物体表现服装造型特征的方法称为物态表示法。

常见的物态型毛衫外轮廓造型有：酒桶型、喇叭型、火炬型、郁金香型、鱼尾型、帐篷型等（图4-25~图4-30）。

在多种流行元素和灵感元素并存的多元化设计时代，单一的廓型设计已无法体现流行，多种形式的廓型同时并存才能共同演绎今天的流行时尚。不同的廓型体现了不同的服装风格，只有通过廓型把握毛衫造型的基本特征，才能在千变万化的服装大潮中，抓住毛衫流行趋势的主流和走向。

又称腰鼓型、茧型，造型中间膨胀两头收紧。具有舒适、随意、洒脱的特点

图4-25　酒桶型

廓型整体上紧下松，强调衣、裤或裙摆的处理。具有自然、潇洒的风格特征

图4-26　喇叭型

常以宽而短的毛衫上衣搭配窄裙或裤子，具有洒脱、利落的风格特征

图4-27　火炬型

灵感来源于郁金香的形态，可用于毛衫连衣裙、半裙以及袖子的廓型

图4-28　郁金香型

腰、臀及大腿中部合体，往下逐步放开下摆展成鱼尾状，线条优雅

图4-29　鱼尾型

灵感来源于帐篷、蓑衣等，常用于披肩、斗篷，具有洒脱自然的风格特征

图4-30　帐篷型

4.4.2　毛衫廓型的变化规律

知觉心理学家鲁道夫·阿恩海姆在其代表作《艺术与视知觉》中提到："三维物体的边界是由二维的面围绕而成的，而二维的面又是一维的线围绕而成的。对于物体的这些外部边界，感官能够毫不费力的把握到。"

廓型是毛衫的总体骨架，决定其整体造型的主要特征，同时体现毛衫整体的风貌，是表现实用、审美和流行的重要手段。

把握廓型的变化规律和设计方法，是毛衫造型设计的基础。

轮廓的变化会导致服装造型整体感觉的变化，毛衫流行款式最明显的特征就是廓型的演变。虽然毛衫廓型变化丰富多姿，但其变化还是有规律可循的。在遵循人体结构特征的基础上，毛衫廓型变化受面料组织结构、外观风格特征、织物性能、毛衫成型方式等因素的影响，呈现以下变化规律。

4.4.2.1　简洁性

线圈结构使针织面料具有良好的弹性、透气性和柔软性，不同的组织又使其形成凸条、方格、网眼等各种肌理效应。为了突出面料的优良性能和特有的质感，与机织服装常采用较多的结构线、省道、皱褶等方法来展现人体曲线的方法不同，毛衫的造型力求简洁、流畅。同时也为了避免当针织物的纱线断裂或线圈失去穿套联系后，线圈彼此分离的脱散现象，毛衫的款式变化不宜太复杂，一般不存在结构功能的分割线。因此，毛衫的外轮廓线大多采用直线、斜线或者单一的曲线形式，多为H型、O型等（图4-31）。

4.4.2.2　宽松性

随着人们生活水平和审美的不断提高，对服装的态度也由注重保暖和实用发展到追求以人为本，崇尚穿着与视觉上的轻松、时尚和个性。宽松、自然、舒适的休闲服装成为热点商品和服装的主流趋势。针织物松软、多孔的特性赋予了毛衫天然的时尚休闲风格，其宽松的外轮廓造型满足了年轻消费者对现代毛衫穿着舒适、随意，可搭配性强的需求（图4-32）。

4.4.2.3　统一性

服装造型的整体形态主要是通过服装的外部廓型与服装的内部形态两者来决定的。在毛衫造型设计过程中，在整体廓型确定下来，进行结构设计时，首先应注意衣片等内部结构的造型风格应与服装的外轮廓相呼应；其次领、袖、口袋，包括门襟等各局部之间的造型也要相互协调，否则易造成视觉效果的混乱，令人产生不协调的感觉（图4-33）。

4.4.2.4　可转换性

毛衫的基本廓型种类主要可概括为H型、A型、X型、T型、Y型、O型等，在掌握基本廓型的基础上我们可以按照美的视觉效果和现代平面构成的原理，对不同或相同形态的基本廓型进行自由搭配与组合，从而构成多种理想的视觉形式的服装外形（图4-34）。

图4-31　简洁性　　　　图4-32　宽松性　　　　图4-33　统一性　　　　图4-34　可转换性

总的来说，尽管毛衫外形变化较多，但它必须通过人的穿着才能形成它的形态。毛衫廓型归纳起来无非是两大类，即直线型和曲线型。其他廓型都是在这些廓型的基础上演变或综合其特点进行设计的。

4.4.3 影响毛衫廓型性格的因素

在毛衫造型设计过程中，设计师往往用不同的廓型来表达不同毛衫的性格特点。总结下来，影响毛衫廓型性格主要有以下几个重要因素。

4.4.3.1 廓型线的长短与弧度

人体表面由不同曲面构成，其外轮廓也由众多规则和不规则的线、面、体参差交织构成。所以服装廓型线是多形态、多变化的，对毛衫廓型线做长短曲直等不同的处理能呈现出完全不同的服装风格。

一般来说，较短的廓型线使毛衫给人可爱、秀气的感觉（图4-35）。较长的廓型线条则使毛衫整体看起来比较大气、简洁（图4-36）。弧度较大呈圆润型的廓型线条会给毛衫带来活泼、自由、柔和的感觉（图4-37）。相反，弧度较小偏直线型的廓型线条，使毛衫给人保守、干练、冷静的感觉（图4-38）。

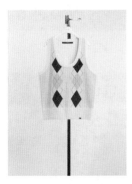

图4-35　短廓型线

图4-36　长廓型线

图4-37　大弧度廓型线

图4-38　小弧度廓型线

4.4.3.2 廓型的转折点

颈部、肩膀、胸部、肘部、腰部、手腕、臀部、大腿、膝盖、小腿、脚踝等位置的骨骼与肌肉结构的突起点和关节转折点（图4-39）是把握人体形态结构的关键点，也是服装廓型的转折点。

这些转折点也是影响服装廓型线条的长短与弧度的重要因素。其选用数量和处理部位对服装廓型性格具有较大的影响：转折点少的服装廓型给人简洁大方或严肃的感觉（图4-40），转折点多的服装廓型则易产生活泼欢快的韵律感（图4-41）。女装多在胸、腰、臀部进行轮廓线的转折

（图4-42），男装则多在肩部进行强调转折（图4-43）。而在颈部、肩部、胸部、肘部、臀部、手腕、膝盖、脚踝进行轮廓线的转折时会增加活泼感与动感（图4-44）。大多毛衫转折点较少，转折的线条也较为柔和。

4.4.3.3 廓型面积的大小与分割

服装是由衣片组合而成的，大部分服装衣片都是一个面，其形态有方形、圆形、三角形、多边形以及不规则形等，不同形态的面围拢人体形成不同风格的服装廓型。除了形态差异外，廓型面积的大小和分割也会影响毛衫的廓型性格。一般来说，廓型面积大、分割少，呈对称分布时，毛衫更简洁、

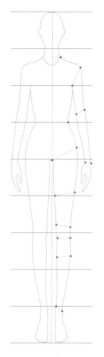

图4-39　人体关键点

图4-40　转折点少的服装廓型

图4-41　转折点多的服装廓型

图4-42　胸、腰、臀部进行轮
廓线的转折

图4-43　肩部进行轮廓线的转折

图4-44　其他部位进行轮廓线
的转折

大气（图4-45），反之则给人活泼、时尚的
感觉（图4-46、图4-47）。

4.4.4　毛衫廓型变化的关键部位

毛衫轮廓造型的变化，主要体现在肩、

图4-45 廓型面积大、分割少

图4-46 廓型面积小、分割多Ⅰ

图4-47 廓型面积小、分割多Ⅱ

腰部和底边几个关键部位。毛衫造型设计主要通过对这几个部位的夸张、强调或对其进行分割、遮盖来体现。也正因为以上因素不同程度的变化，才形成了廓型的各种不同的变化。

4.4.4.1 肩线

肩部是支撑服装重量和把握服装廓型的重要部位，肩线的变化关系到整件服装的造型风格、造型美感以及穿着舒适度。服装的肩部造型主要受人体肩部形态、肩斜度以及服装面料等因素的影响。由于针织面料具有在外力作用下容易变形的特性，在缝制加工与穿着过程中肩部极易发生变形，毛衫的肩线造型不如机织服装挺拔、夸张，显得更柔和、自然，毛衫肩部设计受限制也较多，其变化的幅度不如腰和下摆那样随意。

4.4.4.2 腰部

腰部是影响服装廓型变化的重要部位。腰线高低位置的变化，腰部的松紧是影响服装廓型变化的关键。由于面料出色的延伸性，毛衫的束腰造型比机织服装更自然贴身，松腰造型也不像机织服装那样规则，体现的是自由的宽松感。腰节线高低位置的不

同可使毛衫产生上下长度比例上的差异，从而使整体造型风格呈现丰富各异的变化。

4.4.4.3 下摆

服装下摆又称底摆、底边，下摆的高低、宽窄和形状的变化直接影响到轮廓线的比例和整体效果。针织面料的悬垂性普遍要好于机织面料，所以毛衫一般不将下摆设计得很宽大，而是注重设计的装饰性，如直线、斜线、波浪线、不规则线型等，使针织服装廓型呈现多种形状与风格。

4.4.5 毛衫廓型的设计方法

前面总结的H、A、X、T、Y、O等廓型是最基本的毛衫廓型。它们之间并不是独立存在的，将廓型与廓型进行不同形式的组合，或改变基本廓型的某一部位，就会形成向另外一个廓型转变的趋势。由此可见，毛衫的外形其实是可以灵活改变的，通过组合、变形、衍生可以产生出更多的廓型，并由此产生新的视觉效果和新的情感内容。

在设计构思毛衫廓型的时候，要注意比例与尺度、节奏与韵律、对称与均衡等形式美法则的运用。毛衫廓型的设计方法可以归

纳为以下几种。

4.4.5.1 联合设计法（表4-2）

表4-2 廓型设计方法

廓型设计方法	示意图	运用案例
相接法：将两个廓型边缘相接但不交叉，产生一个两形相互连接的组合形。相接的两个造型元素处于同一空间平面，形与形各自独立互不渗透，相接的部分只起连接作用，所以新外形仍保留了造型元素原有的形态		
结合法：将两个不同或相同的形部分重合，两形重合时不产生透叠效果，于是两个形除去重叠部分的其他部分相联合就会产生新的形。在结合法中，两形互相渗透、互相影响，任何一形都将损失部分轮廓		
减缺法：当两个不同的服装廓型相互重叠时，将其中被覆盖的某些部分去掉从而产生一个新的廓型。与结合法相反，是故意让一个廓型从另一个廓型上"吃掉"一部分，保留其中一个廓型的剩余部分		

廓型设计方法	示意图	运用案例
差叠法：差叠法也是像结合法一样把两个相同或不同的形相互重合，所不同的是两个相互重叠的形互不掩盖而有透明之感，并且在取形时与结合法相反，取其交叉部分形成的形，而把其余的形忽略掉		
重合法：重合法是指将两种服装廓型移近，并使其中一个形部分覆盖在另一个之上，彼此重合为一体。两个廓型面积会产生上或下、前或后的空间关系，从而确定新的廓型。这种方法在毛衫廓型设计中运用较为广泛		

4.4.5.2 几何造型法

几何造型法是指利用点、线、面等基本造型元素构成简单的几何模块进行组合变化，从而得到所需要的服装廓型的方法。人体头部、躯干和四肢的廓型从正面、侧面和背面不同的角度可以分解为蛋形、梯形、圆柱形，尤其是人体的正面，剪影效果最为明显。包裹人体的服装的廓型也可以分解为数个相应的几何形体，即使变化再大，也是几何形体的组合。

几何造则法的优点是设计时可以不以某个造型为原型，设计的自由度非常大。运用

的几何形既可以是平面的，也可以是立体的，经过排列组合，经常会得到意想不到的好的服装廓型。几何造型法具体运用时，首先需按照人体的结构和比例制出一些基本的几何形，再将这些几何形按照形式美的原理与法则拼排、组合便形成各种廓型。

在利用几何造型法设计毛衫廓型时，要充分考虑到针织面料的特性，扬长避短。表4-3显示的是学生运用几何造型法设计的毛衫廓型。灵感皆来源于身边常见的实物，在概括提炼其本质的几何形态后加以组合变化。

表 4-3　毛衫廓型的几何造型法

几何型	组合变化	
圆形组合变化：灵感来源于气球，对不同的气球进行归纳，提炼其圆形的本质特征，再将圆形作各种组合、排列，最后形成两种迥异的毛衫外轮廓造型，表达出圆润、蓬松、饱满的造型美		
半圆形组合变化：灵感来源于蘑菇，从蘑菇的造型中提炼出半圆和矩形两种几何型，运用重合手段，塑造了层次丰富而饱满的茧型轮廓，运用相接法则塑造出优雅、舒展的毛衫轮廓造型		
矩形组合变化：灵感来源于城市、乡间木制的各种指路牌，提取其矩形的几何特征，在将不同比例的矩形组合时巧妙地运用人体的肩部、腰部和胯部的维度差，使毛衫廓型契合人体的美		

（资料来源：服设191班黄义平）

4.4.5.3　原型移位法

　　原型位移法是指确定原型服装或标准人体的关键部位，然后按照设计意图进行部分或全部空间位移的方法。这种变化方式首先要把握关键点，廓型设计的关键点包括人体的颈点、肩点、胸点、腰点、腹点、臀点、膝点、肘点、踝点，以及服装上的颈围点、肩缝点、袖口点、衣摆侧缝点等。其次要根据需要记录关键点。最后抓住关键部位进行上下、左右、前后的移动，移动后的轨迹就是所要设计的服装的廓型（图4-48）。这种方法既可用于毛衫单品的设计，也常被用于系列造型的拓展设计（图4-49）。

　　毛衫的外部轮廓造型还可以从表示衣物

图4-48　原型移位法单品设计

图4-49　原型移位法系列拓展

覆盖人体的直身、宽松、紧身这几种状态出发，综合运用联合设计法、几何造型法或原型移位法展开设计。

如图4-50所示，在充分理解毛衫廓型的特点后，结合校企合作项目产品开发的要求完成的毛衫轮廓造型设计。

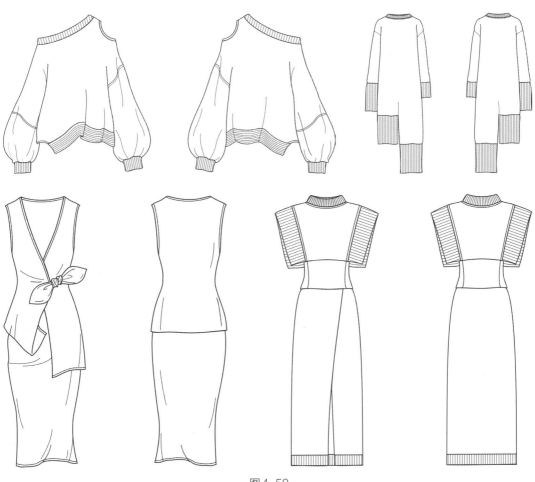

图4-50

图4-50 毛衫廓型设计（服设171陈倩倩）

4.5 毛衫的内部造型设计

服装的内部造型是相对外部轮廓造型而言的，如果说服装外部轮廓造型是剪影形式下的外形，那内部造型则是剪影内部的所有细节设计，包括结构线和零部件设计，实际上也就是服装各部位的组合形式与细节造型设计。毛衫的内部结构、部件与外部的轮廓造型相互依存、相互转化，它们之间的变化构成了丰富多样的毛衫造型。

4.5.1 毛衫内部造型与外部轮廓的关系

轮廓造型是毛衫造型设计的主要元素，

对廓型的把握与调整会使毛衫产生不同的整体效果。而内部的结构与部件设计是对毛衫造型设计的进一步深化，其合理性不仅会影响到毛衫的美观和舒适程度，还会对毛衫成型产生重要影响，两者是相互依存的逻辑关系。

4.5.1.1 外部轮廓造型是毛衫造型设计的本源

廓型设计是毛衫款式设计的第一步，是主导毛衫产生美感的关键因素，同时也是影响设计和消费的重要依据。

①人体是服装的主体，服装造型变化是以人体为基准的。毛衫廓型就是按照不同时期人们的审美理想，根据人体的形态特征抽象而成的。廓型既能表现人体和服装的美感，也从一定程度上起到修饰人体缺陷的作

用，是毛衫造型设计的基础。

②廓型是服装最容易捕捉到的造型特征，它进入人们视觉的强度和速度高于服装的内部造型，决定了服装造型的整体印象，最能体现着装者的个性、爱好和品位。廓型设计是毛衫造型设计的第一要素，设计师常用不同的廓型来诠释不同的造型风格和特征，用以区别和描述不同的毛衫款式。

③服装廓型的变化是服装演变的最明显特征，服装的发展变化就是以廓型的特征变化来描述的，服装款式的流行与预测也是从服装的廓型开始。例如，20世纪80年代毛衫廓型以V型、Y型、H型为主，20世纪90年代以V型、Y型、H型、X型为主，21世纪初期，毛衫廓型以V型、Y型、H型、X型、A型为主。

4.5.1.2 外部轮廓造型依靠内部造型设计支撑和丰富

内部造型的变化设计建立在外部轮廓造型的基础上，二者相互影响。好的内部造型设计可以增加毛衫的功能性，也能使毛衫更符合形式美原理。

（1）毛衫的内部造型设计风格与廓型风格应一致或互相呼应

在毛衫的整体风格中，毛衫内部造型如果没有自己的个性特征就会失去表现作用，从而使整体风格缺乏内容，反之如果性格特征与整体风格背道而驰又会使毛衫显得不伦不类，或使整个服装显得杂乱而无特色。内部造型设计风格与廓型的风格一致或互相呼应，才能使毛衫形成一个完美的造型形态。

（2）毛衫内部造型中部件之间也应相互关联并且主次分明

毛衫内部各个局部的造型不是独立存在的，局部与局部之间也应相互关联。在进行毛衫内部造型设计时，既要分析处理好每个局部间的相互协调统一关系，又要做到有主有次，有重有轻。要使设计作品中有丰富的细节内容，并不在乎设计中运用多少局部变化，关键是这些局部变化能不能有效地表达体现出作品的丰富内涵。

（3）毛衫内部造型中的局部细节的位置处理也会影响整体设计

对毛衫内部造型的构成内容不做实质性改变，只移动或变化局部细节的位置，也可以使廓型相同的两款毛衫产生完全不同的效果，或新颖巧妙，或保守中庸，或怪诞离奇。位置的变化包括高低、前后、左右、正斜、里外等。打破常规的位置摆放，会产生意想不到的效果。

4.5.2 毛衫结构线设计

服装结构线是指体现在服装各个拼接部位（即不同衣片的缝合处），构成服装整体形态、决定服装内部转折和起伏的线条。服装结构线一般应具备两个功能，一是塑造服装外型，使不同形状的衣片经过缝合后，成为一件具有一定立体形态、美观及富于机能性的服装；二是要有效地利用结构线，使之作为服装上线性的细节元素，达到装饰和美化服装的作用。

因此，服装结构线设计的意义在于将服装的功能性与审美完美结合，使服装呈现出结构合理、形态美观，达到穿着功能并起到美化人体的效果。

4.5.2.1 毛衫结构线的特性

毛衫的结构线是依据人体及人体运动而确定的，因此，首先应具有舒适、合身、便于行动的特性，在此基础上，使服装具有装饰美感与和谐统一的风格。结构线在构成毛衫时的作用是使服装各部件结构合理、形态美观，达到适应人体、美化人体的效果。

毛衫结构线以直线、弧线和曲线三种线型结合而成，不同的线型具有不同的直观印象：直线给人的感觉是单纯简洁；弧线给人的感觉是圆润均匀而又平缓流畅；曲线具有轻盈柔和、温顺的特性，适宜表现女性美；细线给人精致、纤细、灵巧的感觉；粗线厚重结实；水平线较为稳定，斜线则有不稳定的感觉。毛衫结构线设计的奇妙之处就在于利用不同线型的组合变化可以营造出不同的款式造型。

4.5.2.2 毛衫结构线的种类

服装结构线的位置和形态设定通常从塑型和装饰这两个出发点考虑，一般分为省道线、分割线和褶裥线三种类型。由于针织物具有良好的弹性和悬垂性，省道线在毛衫中很少用到，主要为分割线和褶裥线。

（1）分割与分割线设计

服装分割是指将整块的面料分割成若干部分，经过必要的加工处理后重新缝合，以产生不同形态的视觉效果。服装分割线就是将分割后的衣片进行缝合而形成的拼缝线，或者说是根据人体曲线形态或款式要求而在衣片上增加的结构缝。

分割线是服装结构线中位置最自由、变化最丰富、表现力最强的一种类型，从设计作用上分为功能性分割线、装饰性分割线和结构装饰分割线三大类。因为针织面料具有易脱散、易卷边等特点，毛衫的分割线不宜过多，一般通过采用组织、纱线、工艺等方法，创造出不同于机织服装的更简洁明快的分割效果。

常见的有毛衫分割有横向分割、纵向分割、斜向分割、弧线分割、自由分割等（表4-4）。

表4-4　毛衫分割效果

类别	特点	案例
纵向分割	服装的垂直分割具有强调高度的作用。由于视错的影响，面积越窄，看起来显得越长；反之面积越宽，看起来就显得越短。垂直分割使服装形成面积较窄的几个部分，给人以修长、挺拔之感。在宽松的休闲毛衫中运用纵向分割可以减少臃肿的感觉	

类别	特点	案例
横向分割	可以通过肩线、上下胸围线、腰节线、上下臀围线、膝围线、脚踝线来进行水平分割，同时也可以用疏密不均却平行的横向分割来表现，横向分割在毛衫上表现的是一种舒展平和、安静沉稳和庄重的静态美	
斜向分割	斜向分割是由直线分割向曲线分割过渡的中间环节。斜线本身具有推进、纵深的动感和方向感。在毛衫设计中常运用斜向分割，实现毛衫衣片间色彩、材质的组合与对比	

类别	特点	案例
曲线分割	毛衫中的一类曲线分割是根据人体曲线设计的，称为"开放式"曲线分割，如女装的公主线或类似于公主线的曲线，常用于表达女性的优美。另一类是在"开放式"曲线分割基础上演变成的各类几何形曲线分割，如圆形、扇形和波浪形等，这类曲线分割形式活泼，可以塑造不同的毛衫风格	
自由分割	自由分割是分割线设计的常用手法之一。不受水平、垂直、斜线等分割的约束。在进行毛衫的自由分割设计时，可以利用颜色、粗细、组织不同的面料将衣片划分成大小不一的形状，使分割在实现塑型的同时，增添更多设计空间	

（2）褶裥与褶裥线设计

褶又称裥，是服装结构线的另一种形式。服装面料叠缝后的皱纹、皱褶、衣褶、波纹等构成的线条称为褶裥线。褶裥线兼具实用功能与装饰性，它使服装具有一定的放松度，以满足其适体性、可动性和操作性，同时也给服装的外观带来一定的立体感，给人以自然、随和、节奏感强的印象。

褶裥是毛衫艺术造型的主要手段之一，它可以像机织服装一样通过缩褶（抽褶）、打裥的方式，将服装面料较长或较宽的部分缩短或变窄，使服装适合人体，并给人体较

大的宽松量，同时发挥面料悬垂性、层次性和飘逸性的特点。也可以在编织过程中通过组织结构设计形成各种形式的褶裥效应，给毛衫带来一种凹凸不平的韵律和立体感。

根据外观效果的不同，毛衫的褶裥主要分为褶裥、细皱褶和自然褶三大类。褶裥是服装上有规律、有方向的褶，线条刚劲、挺拔、潇洒、节奏感强（图4-51）。细皱褶是将服装面料自由抽缩形成的细小的皱褶，常用在轻薄柔软的毛衫的边口部位，给人蓬松柔和、自由活泼的感觉（图4-52）。自然褶是利用面料的悬垂性而自然形成的褶。

图4-51　褶裥

图4-52　细皱褶

这种褶饰的线条优美流畅、自然、潇洒飘逸，多用在胸、领、腰、袖、下摆等部位（图4-53）。

结构线的设计对毛衫造型起着至关重要的作用。图4-54是服设服设171陈倩倩同学在满足人体工学的前提下对基础结构线进行再设计，结合校企合作项目产品开发的要求完成的毛衫结构线设计作品。

图4-53　自然褶

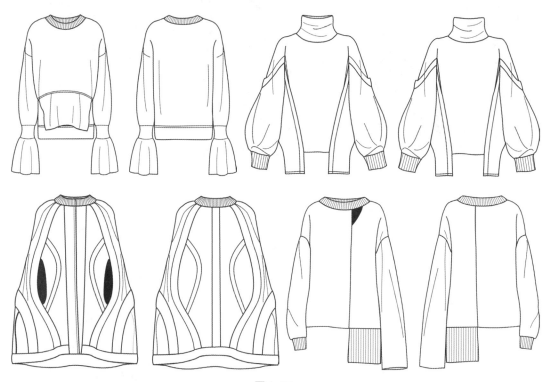

图4-54

图4-54　毛衫结构线设计

4.5.3　毛衫零部件设计

对服装设计结果的评价通常从整体考虑，因为服装整体是从设计到制作再到着装者感受的综合体现。但任何一个整体都是由若干局部组成的，局部又依附于整体而存在，整体和局部均有各自的独立性。毛衫的整体造型由各个局部的部件设计组合而成，包括衣领、衣袖、口袋、下摆（衣摆、裙摆、裤摆）、门襟、开衩甚至服饰配件（如领带、腰带、纽扣、鞋、帽等）等。它们的局部变化组成了毛衫局部的变化，同时也影响着毛衫整体的风格。

4.5.3.1　衣领设计

衣领是毛衫造型中至关重要的一个部分，它是毛衫局部造型设计的第一点，在毛衫整体造型中，也处于醒目的位置。毛衫衣领兼具功能性和装饰性，其构成因素主要有领圈（又称领线或领口）的形状、领座

（又称领脚）的高度、翻折线的形态、领面轮廓线的形状以及领尖的修饰等。由于衣领的形状、大小、高低、翻折等的不同，形成了各具特色的毛衫款式。

毛衫衣领样式繁多，造型千变万化。我们通常从结构的角度对其设计变化进行归纳总结：

（1）连身领设计

顾名思义是指与衣身连在一起的领子，包括无领、连衣领和无带领。无领是指直接将领口塑造成为衣领形状的一种领型，又称领口领，即只有领圈没有领面。基本形态主要有圆领、方领、V型领、U型领、一字领、船形领、花形领等。连衣领是从衣身上延伸出来的领子。无带领是指一种肩、胸、手臂都袒露在外的特殊领型（图4-55）。

改变领子的大小宽窄和长短曲直，会给连身领带来不同的风格倾向。一般来说，各种曲线形式的领线显得优雅、华丽、可爱；

圆领：基本顺着服装原型领窝线，在领深和领宽上做变动而成的领型。自然简洁、优雅大方、穿脱方便、适用面广，是毛衫的常用领型

方领：领围线比较平直，整体外观基本呈方形。线条明快，领口可有大小不同的变化。大领口具有大方高贵之感，小领口则相对严谨

V型领：领围线形同V字，给人以庄重、严谨，且富于变化的视觉效果。小V领给人以文雅秀气感觉，大V领则显得活跃大气

U型领：领口造型基本上同圆领相似，不同的是U型领的领口深与领口宽之比要大许多，前领口的造型如同英文字母U，有一种纵向拉长的视觉效果

船形领：前后领口横向挖宽，像船底的领型。船形领在肩颈点处高翘，前胸处较平顺，中心点相对较高，所以船形领在视觉上感觉横向宽大，雅致洒脱

一字领：船形领的前领线提高，横开领加大，就成了一字领。领型横向感觉强于直向感觉，前中处通常高过颈前中点。这种领往往给人高雅含蓄的感觉

花形领：指服装的花式领线，如桃形、多边形等。还有一种是将圆领、V型领等无领的领线与衣身的图案造型相结合的领型。花形领设计灵活，风格多变

连衣领：是指从衣身上直接延伸出来的领子，从外表看像装领，但却没有装领设计中领子与衣身的连接线。这种领形含蓄典雅，适用于多种女式毛衫

无带领：也称坦胸领，是一种肩、胸、手臂都袒露在外的特殊领型。常用于晚礼服的设计制作中，有时还配以荷叶边等装饰，给人以现代的浪漫情调

图4-55　连身领

直线形式的领线相对严谨、简练、大方。领口较大显得宽松、凉爽、随意；领口较小的相对拘谨、严正、正规。

（2）装领设计

毛衫的装领是指领子与衣身分别成型后再装上去的衣领。根据其结构特征，主要分为立领型、翻领型、驳领型、连挂面敞领型、平贴领型以及组合领型等（图4-56）。

在设计毛衫衣领时，要考虑着装者的头部、脸部、颈部、肩部、背部、胸部乃至体形的不同形态，符合整体效果的需要；衣领的造型与装饰还要与着装者的性格与年龄相匹配、与制作毛衫的纱线性能相匹配；同时衣领设计还要适应当下的流行趋势，并与毛衫的整体风格相一致。

图4-57为服饰171、172部分同学的毛衫领型设计练习。

4.5.3.2　衣袖设计

衣袖是指衣服上的袖子，是服装覆盖手臂的部分，主要以袖窿、袖山、袖身和袖口

立领：将领片竖立在领圈上的一种领型，又称竖领。造型别致，给人以利落精干、严谨、端庄、典雅的效果。有中式立领、单立领、卷领几种形式

翻领：是领面外翻的一种领型，分有领台和无领台两种。翻领设计要点包括前领角的形状、领子轮廓线的造型变化、领子宽度的变化以及翻折线的形状和位置等

驳领：前门襟敞开呈V字的西式服装的领型，比翻领多了一个与衣片相连的驳头，由领座、翻领和驳头三部分组成。驳领线条明快、流畅，给人以潇洒、精干的感觉

连挂面敞领：是指领面与挂面相连的领型，如青果领、丝瓜领等。特点是翻领领面与驳领领面间没有接缝线，领子与挂面连为一体。毛衫连挂面敞领无须领里，制作更加方便

平贴领：又称坦领、趴领或摊领。是一种没有领座或领座不高于1cm的领型。其前领自然服帖于肩部和前胸，后领自然向后折叠服帖于后背。常用于儿童和女性毛衫

组合领：指由两种或两种以上领型组合设计形成的独特的新的领型。例如，翻领与立领组合而成的立翻领；驳领与立领组合形成的立驳领。组合领形可以有多种变化设计

图4-56　装领

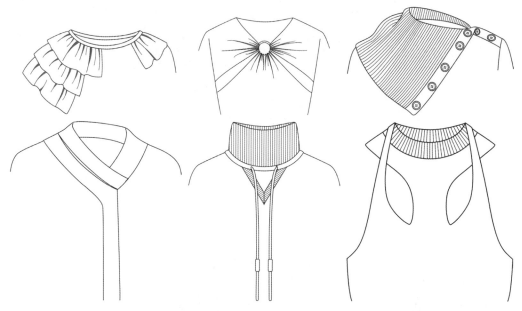

图4-57　毛衫衣领设计

组成。衣袖与领子一样也是毛衫款式变化的
重要组成部分，兼具防寒避暑的功能性和美
化人体的装饰性。由于袖子穿在身上随时都
需要活动，因此它的造型除了静态美之外，
更需要动态美，要与人体特点、毛衫整体风
格相协调，讲究装饰性和功能性的统一。

衣袖由袖山、袖身和袖口三部分组
成，其设计变化要点主要由这三部分的造
型变化，包括肩部的变化（肩线分为自然
型、耸肩型、溜肩型）、袖身的形状、袖
口的设计，再结合丰富的衣袖装接方法而
构成。

衣袖的造型随着袖山、袖身、袖口及装
饰等因素的变化而变化，其中包括袖窿的位
置、形状和宽窄变化；袖山的高低、肥瘦和
形态变化；袖口的大小、宽窄、形态和边缘
装饰变化等。

根据袖窿、袖山、袖身和袖口各部位的
变化，袖型主要分为袖山变化的袖型、袖身
变化的袖型以及袖口变化的袖型三大类：

（1）袖山变化的袖型

袖山高是衣袖造型结构的关键。袖型从
贴身到宽松的造型过程，始终与袖山高密切
相关。根据袖山的变化，毛衫衣袖可分为连
袖、装袖、插肩袖和无袖四种（图4-58）。

（2）袖身变化的袖型

衣袖的袖身变化主要体现在袖身的长
短、肥瘦和形态变化等方面。在毛衫设计
中，常见的以袖身变化为主的袖型有贴体
袖、灯笼袖和喇叭袖（图4-59）。

（3）袖口变化的袖型

袖口的大小、位置、形态变化既影响服
装对人体保温散热的功能性，又左右着服装
整体的平衡与审美，是袖型设计中不可忽视
的一个因素。归纳起来有外翻式、袖克夫
式，以及装饰性和工艺性袖口（图4-60）。

衣袖在设计时要注意几点：一是衣袖要
与手臂相适。包括袖窿、袖山与肩部的适
应，袖身、袖口与手臂的适应；二是衣袖要
与服装相适应。包括与衣领、衣身相配套和
与衣料、装饰都要相适应（图4-61）。

连袖：衣袖肩部与衣身连成一体的袖型，又称连身袖。宽松舒适，具有极强的东方文化特征，着装效果含蓄而具韵味

装袖：衣袖和衣身分别成型，再经缝合而成的一种袖型，又称接袖。多采用一片袖，穿着宽松舒适，简洁大方

插肩袖：袖片从腋部直插领口的一种袖型，可分为全插肩袖及半插肩袖。可延长手臂的修长感，穿着舒适、风格休闲

无袖：肩部以下无延续部分，也不另装衣片，以袖窿作袖口并在袖窿处进行一定的工艺处理和装饰点缀的袖型

图4-58　袖山变化的袖型

贴体袖：指袖身形态吻合人体手臂自然形态的筒状袖。袖身变化在袖子的长短上

灯笼袖：在袖身部位放出多余的量，形成各种形式的褶裥收拢于袖口的一种袖型。可在袖身长短、袖褶数量、位置高低等上变化

喇叭袖：从袖山开始到袖口，整个袖身呈喇叭状的一种袖型。可以根据袖山开始变宽位置的上下、层次及形式的不同形成多种样式

图4-59　袖身变化的袖型

外翻袖口：袖口部位里子向外翻边

袖克夫式袖口：袖口部位另接一段

装饰性袖口：波浪褶裥、喇叭线形、开衩等

工艺性袖口：串带、刺绣、缀珠等

图4-60　袖口变化的袖型

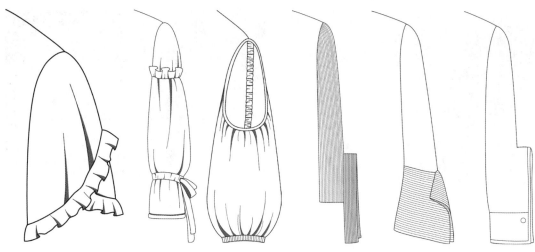

图4-61 毛衫衣袖设计（服饰171班、172班部分同学）

4.5.3.3 口袋设计

口袋是毛衫的主要附属部件，不仅具有实用功能，且因其常位于服装的胸部、腰部和腹部等明显部位，也具有很强的装饰作用。服装口袋的设置、点缀，对服装的造型式样起着很重要的作用，口袋位置、形态的变化，可为服装增加设计感与层次感，使服装整体看起来丰富且具有功能性。

口袋的表现形式随着毛衫设计的发展趋势也发生着改变，在毛衫设计中，口袋的造型也越发丰富、多样。最为常见的有三种，分别是贴袋、挖袋和插袋。

贴袋指贴缝在服装表面的口袋，是所有口袋中造型变化最丰富的一类。贴袋的形状大小无严格划分，也可以在贴袋上加入二次设计，如刺绣、钉珠等，使其呈现出更加多元化的造型效果（图4-62）。

挖袋指将衣料破开成袋口，内装袋布的一种袋型。服装表面的袋口可以显露，也可以用袋盖装饰。挖袋的造型变化比贴袋简单，重点在对袋口或袋盖的装饰（图4-63）。

插袋是缝制在衣缝内的一种袋型。插袋袋口比较隐蔽，造型变化最小，所以不影响服装的整体感和服饰风格，是较为实用朴素的一种袋型。插袋上也可加各式袋口、袋盖或扣袢来丰富造型（图4-64）。

毛衫口袋的设计，要与手臂和服装的款式相适应，与整装和装饰相协调，充分考虑到针织面料的特殊性。

毛衫口袋的造型变化包括袋身变化、袋口变化、袋盖变化、袋位变化、分割变化、复合变化以及装饰变化。装饰变化主要指口袋的造型、款式、纹样的变化以及装饰手法的变化等。造型变化时要注意口袋在服装整体中的比例、位置、大小和风格的统一。也就是说，袋型要服从整体和各部分的需要，起到画龙点睛的作用。

4.5.3.4 门襟设计

门襟是指衣服或裤子、裙子朝前正中的开襟或开缝、开衩部位，是为穿脱方便而设在服装上的一种结构形式，也是服装重要的装饰部位。

毛衫的开襟形式多种多样，按对接方式可分为对合襟、对称门襟、非对称门襟；按线条类型可分为直线襟、斜线襟和曲线襟

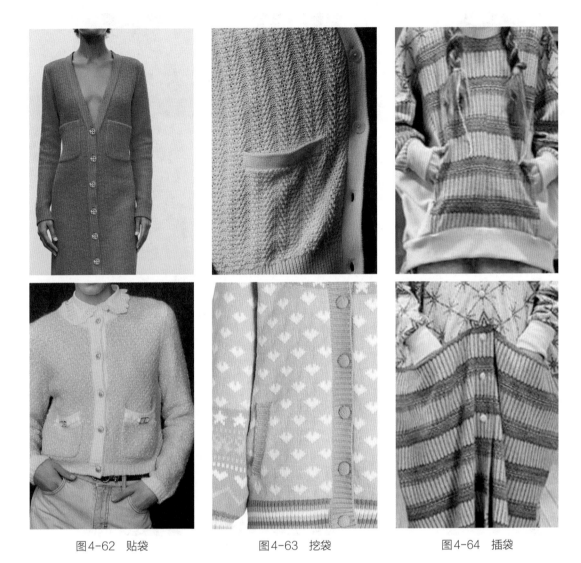

图4-62 贴袋　　　　　　　　　图4-63 挖袋　　　　　　　　　图4-64 插袋

等；按长度可分为半开襟和全开襟；按部位可分为前身开襟、后身开襟、腋下开襟及肩部开襟等（图4-65）。

对合襟是没有搭门的开襟形式。对称门襟及非对称门襟是有搭门的，分左右两襟，锁扣眼的一边称大襟（门襟），钉扣子的一边称里襟。门里襟重叠的部分称搭门，搭门的大小一般在1.7~8cm，它的数值受服装的款式、面料的厚薄及纽扣大小的影响。

对称式门襟以人体纵向的中心线作为门襟位置，服装呈左右对称状态，这是最常见的门襟形式，给人以规律、安静、端庄之感；非对称式门襟的门襟线离开中心线而偏向一侧，造成不对称效果，又称偏门襟。

在毛衫中，门襟的设计变化主要通过改变其位置、长短以及形状来实现。位置处于人体正中的门襟给人平衡、稳重的审美感受；处于人体一侧的则显得比较活泼。门襟的开口直通衣片的通开襟比半开襟的变化更丰富。垂直线是最常见的门襟状态，随着生产设备和工艺的发展，斜线和几何弧形在现代毛衫设计中也越来越常见。

在设计毛衫门襟时还应注意几点：首先，门襟的结构要与领或腰头的结构相适

对合、对称门襟　　　　　　　非对称、直线门襟　　　　　　　斜线襟（衣）

斜线襟（裙）　　　　　　　　　曲线襟　　　　　　　　　　　半开襟

后背开襟　　　　　　　　　　　腋下门襟　　　　　　　　　　肩部开襟

图4-65　门襟的常见造型

应，门襟总是与领子或腰头连在一起的，如果门襟的结构不能与领子或腰头相适应，会影响设计的效果；在毛衫上设计门襟的长短、位置时要注意使被分割的衣片与衣片之间保持美的比例；对门襟的装饰要注意与服装的整体风格协调；门襟的结构应该与其封闭方式协调，要根据门襟的结构，以及毛衫的面料、色彩、穿着者年龄和服装风格等因素合理选择纽扣、拉链、袢带等封闭方式。

4.5.3.5 下摆设计

衣服、裙子、裤子等的底边称为下摆，其变化直接影响到服装的廓型变化，继而对服装的风格也产生重要的影响。

毛衫的下摆变化要素包括形状和工艺装饰两个方面。常见的下摆形状有：水平线形、斜线形、曲（弧）线形、角形、不对称形、不规则形等。常见的工艺装饰有裂口装饰、流苏、褶裥、开衩分割、系带、拼接等（图4-66）。

在毛衫设计中，下摆线的长短、粗细、虚实、疏密、起伏、曲直、纵横、衔接与间断是毛衫造型节奏和韵律的重要组成部分，而形状与不同的装饰工艺的结合，更为现代毛衫创造出了丰富多变的风格。

水平线形、裂口装饰下摆

斜线形下摆

曲（弧）线形下摆

角形、流苏饰下摆

不对称形下摆

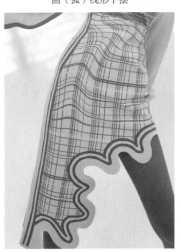
不规则形下摆

图4-66

创意造型下摆　　　　　　　　开衩分割装饰下摆　　　　　　　褶裥装饰下摆

系带装饰下摆　　　　　　　　拼接装饰下摆　　　　　　　　创意装饰下摆

图4-66　毛衫下摆设计

4.6 毛衫整体造型设计

　　毛衫整体造型是外部造型和内部造型的综合体现，在设计构思整体造型时，通常先考虑服装的廓型，再安排服装的内部结构和部件细节，从整体到局部地开展。具体步骤：确定服装的整体造型，毛衫的整体造型主要反映在服装的整体廓型与主体结构线的关系上，即整体创意；进行局部造型设计，根据毛衫整体造型的要求展开局部造型设计，包括衣领、衣袖门襟、下摆及口袋等；局部细节的造型设计，根据毛衫的整体和局部造型要求，设计出包括织物组织、褶皱、分割线等细节。

　　当然，毛衫的整体造型设计也可以从局部到整体展开，即先进行内部结构的设计或部件细节的设计，再配合服装的廓型。

　　无论采用从整体到局部，还是从局部到整体的设计程序，在毛衫造型综合设计过程中，服装的整体与局部都不是孤立存在，而是相互制约和转化的。例如，服装的廓型决定了服装结构线的构成方式，而结构线的形式也决定了服装的外部廓型，两者是相互依存的逻辑关系。服装的整体特色一定是由各个局部的特点集合而成的，而各个局部的特点又是在整体创意中派生的，因此在设计时不必去刻意界定二者，而是综合考虑服装的整体风格和局部造型的关系。

同时还需注意的是，服装的造型综合设计是非常理性和实际的，面料的物质条件、生产工艺过程和服装的造型特点具有很强的对应性。可见，毛衫的造型综合设计会受面料和工艺技术这两大因素制约，在具体设计时应明确采用的纱线、织物组织，以及毛衫的成型工艺，甚至设备等。

图4-67~图4-75为部分学生的造型综合设计训练成果。在实训时，要求学生从项目合作品牌产品研发的角度，综合毛衫廓型、内部结构以及零部件等的设计方法展开连衣裙、背心、长裤、套头衫、开衫等毛衫产品的基本款和时尚款（创意款）的整体造型设计。

图4-67　服饰172班王凤至（基本款毛衫整体造型设计）

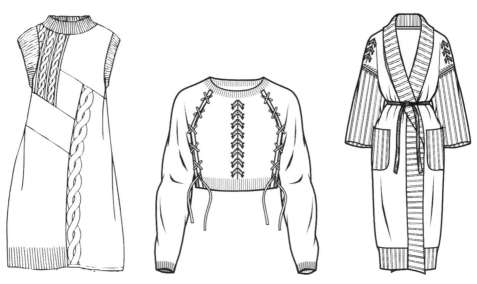

图4-68　服饰171班张惠惠（时尚款毛衫整体造型设计）

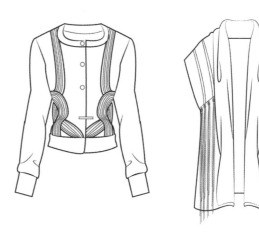

图4-69　服饰171班张惠惠　　　　图4-70　服饰171班杜芸芸（时尚款毛衫整体造型设计）
（时尚款毛衫整体造型设计）

图4-71　服饰171班朱婧娴（时尚款毛衫整体造型设计）

图4-72　服饰172班瞿丽文（时尚款毛衫整体造型设计）

基本款

创意款

图4-73 服饰171班翁欣烁（毛衫整体造型设计）

图4-74 服饰172班黄莹洁（时尚款毛衫整体造型设计）

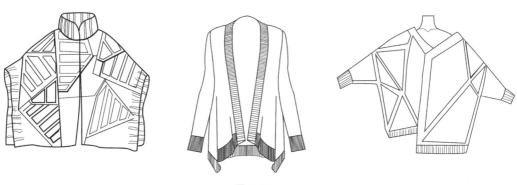

图4-75

图4-75　服饰172班叶青（时尚款毛衫整体造型设计）

课后
练习

1 毛衫廓型的构想与表达：利用项目三的设计灵感构想四种不同的毛衫廓型，并将最终的廓型效果表达出来。

2 毛衫零部件设计：在廓型的基础上借鉴流行元素，开发衣领、衣袖、口袋、门襟和下摆等毛衫零部件（每种各四个）。

3 根据课程合作品牌新季产品的大类计划，完成分配的毛衫整体造型设计。

项目四：色彩设计

项目描述 通过对色彩基础知识的讲解以及毛衫色彩设计特点和方法的分析与探讨，最终让学生在实践中能够针对不同的产品创建毛衫的色彩组合，学会配色与色彩的主题运用，并能合理地把握品牌服装设计中的用色方法。

知识准备 色彩的基本特征、情感表现；服装色彩的特性、毛衫色彩设计的特点；毛衫色彩的组合；常用色与流行色。

工作步骤 讲授、资料收集分析、讨论、模拟设计。

色彩是一种由特定光谱的光线混合，并经过传播，反射引起的视觉感受。在服装设计中，色彩是营造服装整体美感的重要元素。科学研究表明，色彩是最先被人眼捕捉的视觉信息，能够迅速引起情感反射。服装色彩产生的影响力和感染力远远超过款式造型及面料材质等因素，是品牌服装中决定消费群体定位、树立品牌形象、提高产品营销量的重要手段之一。毛衫由线圈串套而成，轮廓线条柔和，色彩比其他设计元素具有更强的视觉效果。在设计毛衫色彩时，首先要了解色彩的基本原理和属性；其次要了解毛衫色彩设计的特点；最后要掌握毛衫色彩的常用组合方式、影响毛衫色彩的常见因素及色彩的心理效应等知识。

5.1 色彩基础知识

5.1.1 色彩的基本特征

5.1.1.1 色彩的分类

大千世界的色彩丰富多彩、千差万别。但是，如果从物理学的角度对色的性质进行分类，可以将其分为"有彩色系"和"无彩色系"两大类。

（1）**无彩色系**

无彩色系是除了彩色以外的其他颜色，是指黑色、白色或由这两种色彩调和形成的各种深浅不同的灰色组成的色系，在色彩的搭配中起间隔、调和的作用。

（2）**有彩色系**

有彩色系是指除无彩色系以外的在可见光谱中的全部色彩，以红、橙、黄、绿、青、蓝、紫等为基本色。基本色之间不同量的混合以及基本色与无彩色之间不同量的混合所产生的千万种色彩都属于有彩色系。有彩色系中的任何一种颜色都具有三大属性，即色相、明度和纯度（图5-1）。

无彩色系

有彩色系

图5-1　色彩分类

5.1.1.2　色彩的属性

我们用眼睛和科学观测方法能够辨识的色彩多达数百万种，但它们之间都有共同的三个属性：色相、明度和纯度。这三个属性是我们在色彩设计中主要的考量方式之一。

（1）色相

色相指色彩的相貌特征（图5-2）。不同的色彩有不同的相貌特征。例如，红、橙、黄、绿、青、蓝、紫等这些色彩的名称，就是特指于相应色彩的相貌特征。色相是区分色彩的主要依据，是色彩的最大特征。

（2）明度

明度是指色彩的明暗程度。无彩色中明度最高的色为白色，明度最低的色为黑色，中间存在一个从亮到暗的灰色系列。在有彩色中，任何一种纯度色都有着自己的明度特征，如紫色的明度最低，黄色的明度最高，红色、蓝色、紫色和紫红色的明度相同，绿色和蓝绿色的明度相同（图5-3）。

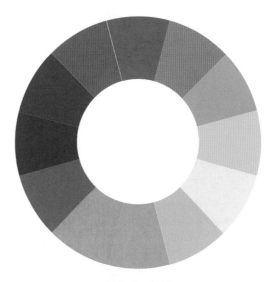

图5-2　色相

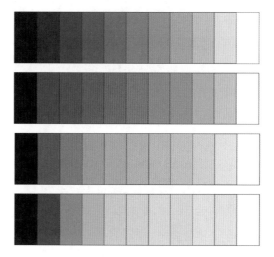

图5-3　明度

（3）纯度

纯度是指色彩的纯净程度，又称彩度或饱

和度。色彩的纯度变化有两种情况，如图5-4所示。

图5-4　纯度的两种情况

一种是在有彩色系中的不同色彩存在纯度差别。其中，红色的纯度最高；其次是纯度并列的橙色、黄色、蓝紫色、紫色、紫红色；最后是黄绿色，纯度比较低的是绿色和蓝色，纯度最低的色是蓝绿色。

另一种是在一个高纯度的色彩中，加入任何其他色都会使之纯度降低。如果在一个高纯度的色彩中加入白色，其结果是在纯度降低的同时明度提高。如果在一个高纯度的色彩中加入黑色，其结果是在纯度降低的同时明度也降低。

5.1.1.3　色调

色调指的是色彩的总体倾向，是大的色彩效果，主要由色相、明度、纯度三属性决定。从色相上不但可分为红、橙、黄、绿、青、蓝、紫等色调，还可以通过色相的冷暖变化来营造暖色调、冷色调及中间色调。固定色相，让明度与纯度变化，则可以将色调分为纯色调、白色调、淡色调、明色调、浊色调、淡浊色调、灰色调、暗色调、淡暗色调、黑色调十种色调（图5-5）。不同的色调给人不同的视觉和心理感受。

在色彩设计时，只要保持一至两种色彩的属性一致，变化其他属性，整体色调就能保持一致。色调构成效果还受用色的面积与

比例的影响，主色调、辅色调、点睛色、背景色各种色彩关系有序、合理，画面色调感就强；色彩关系凌乱无序，画面就缺少色调感，关键是准确把握作品的整体色彩关系。在服装设计中也是如此。

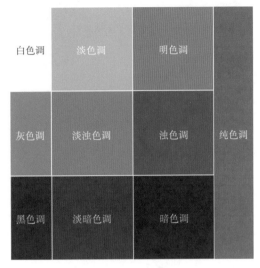

图5-5　色调

5.1.1.4　三原色及色彩混合

色彩的混合是指将两种或两种以上的颜色混合在一起，构成与原来不同的颜色。色彩混合有三种类型：色光的三原色混合后变成白色光的加色法混合；颜料的三原色混合后变成黑色的减色法混合；还有一种中性混合。

（1）三原色

三原色是指这三种色中的任意一色都不能由另外两种原色混合产生，而其他色都可由这三色按一定比例调配出来，色彩学上称这三个独立的色为原色。国际照明委员会为了统一认识，将色彩标准化，正式确认色光的三原色是红、绿、蓝；颜料的三原色是品红、柠檬黄、湖蓝（图5-6）。

由两种原色混合得间色。间色也只有三种：色光三间色为品红、黄、青（湖蓝）；颜料三间色即橙、绿、紫，也称第二次色。

颜料的两种间色或一种原色和其对应的间色相混合得复色，也称第三次色。复色中包含了所有的原色成分，只是各原色间的比例不等。

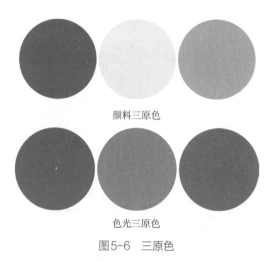

颜料三原色

色光三原色

图5-6　三原色

（2）加色混合

加色混合也称色光混合，指两种或两种以上色光之间叠加后色彩明度会增强的情况，其特点是把所混合的各种色的明度相加（图5-7）。从色光的角度来说，色光和色光的叠加，会导致亮度增强；从色彩的角度来说，三原色（色光）两两混合都会产生明度更高的色彩。加色法混合效果是由人的视觉器官来完成的，因此是一种视觉混合。加色法混合的结果是色相、明度的改变，而纯度不变。

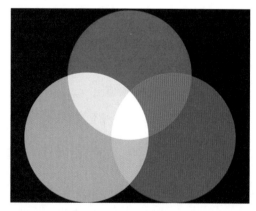

图5-7　加色混合

（3）减色混合

减色混合指两种及两种以上颜料等本身不发光的物体彼此混合，色彩明度会降低的情况（图5-8）。减色混合是物质的、吸收性色彩的混合，其特色与加色混合相反，混合后的色彩在明度、纯度上较未混合的任何一色均有所下降，混合的成分越多，其明度越低。减色混合分色料混合与叠色混合两种，色料包括印染的染料、绘画的颜料等，叠色指将透明物体色彩间相互重叠后所得新色的方法。

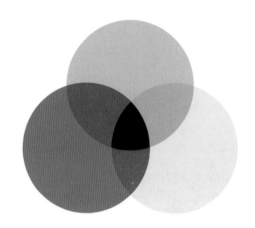

图5-8　减色混合

（4）中性混合

中性混合包括旋转混合与空间混合两种形式。它是色光混合的一种，是由于视觉混色效果在知觉中既没有变亮也没有变暗的感觉。其明度不像加色混合那样越混合越亮，也不像减色混合那样越混合越暗，而是相混合各色的平均明度，故称为中性混合（图5-9）。

旋转混合是把两种或多种色并置于一个圆盘上，通过动力令其快速旋转而看到的新的色彩。例如，红与黄旋转后呈粉彩色，比例适当的红与绿、蓝旋转后呈灰色。空间混合是将两种或两种以上的颜色并置在一起，通过一定的空间距离，在人视觉内达成的混合。

空间混合效果的好坏取决于用来并置的基本型的大小和排列、并置色彩之间的强度、观看者与画面的距离三个方面。

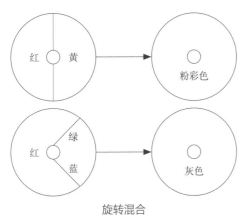

旋转混合

空间混合

图5-9　中性混合

5.1.1.5　色环及色彩关系

色环是指一种圆形排列的色相光谱，是搭配色彩的基本工具（图5-10）。色彩在色环中按照光谱在自然中出现的顺序排列。暖色位于包含红色和黄色的半圆之内，冷色包含在绿色和紫色的半圆之内，互补色排列在

彼此相对的位置上。

色环种类分为6色环、12色环、24色环、36色环等，包含更多颜色种类的大色相环还包括48色环和72色相环等。

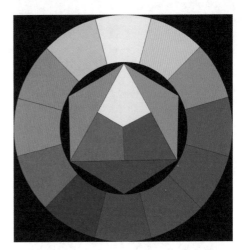

图5-10　12色环

色环上每一种颜色都拥有部分相邻的颜色，这是色彩关系的基本要点。通过色环能够了解各色彩之间的关系，可以方便地进行配色（图5-11）。

（1）互补色

互补色指的是色相环中呈180°角的两种颜色。补色并列时会引起强烈对比的色觉，其呈现的色彩感觉是最具刺激性、最张扬的，如红色与绿色、黄色与紫色、蓝色与橙色。

（2）对比色

色相环上相距120°到180°之间的两种颜色，称为对比色。相对而言，对比色在保持了色彩刺激感的同时，又有一定平和感的加入，能够体现适度的对立感，如黄色和蓝色、紫色和绿色、红色和青色等。

（3）邻近色

色环上任意两个连续的色彩都是邻近色彩。邻近色营造的是平和的感觉，没有冲突

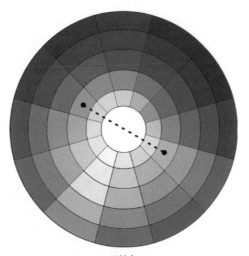

互补色

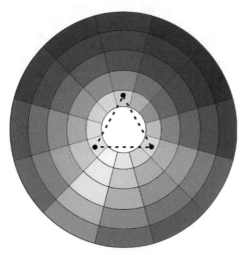

对比色

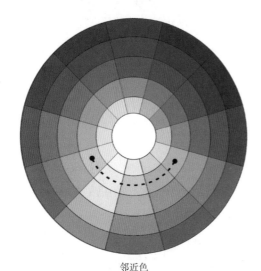

邻近色

图5-11　色彩关系

感，如红色与黄橙色、蓝色与黄绿色等。

5.1.2　色彩的情感表现

5.1.2.1　色彩与心理

（1）色性

色性指某一种单独颜色的性质。每一种颜色都有它的基本性格、特征、搭配关系等，不同的色彩有着不同的表现价值，其调和的关系也是各不相同的。色性与人类的生理、心理体验相联系，从而使客观存在的色彩仿佛有了复杂的性格。

①有彩色系。

a.红色是可见光谱中波长最长的颜色，在视觉上具有明显的迫近感和扩张感。红色是正面与负面的各种激情的象征色，其象征意义受血和火这两个基本经验的影响：与火相关的联想有太阳、火焰、红旗、红花等，使人联想到兴奋、热情、活泼、健康、热闹、幸福、吉祥。与血相关的联想有战争、血腥、野蛮等，使人产生恐怖、紧张的心理。因此，红色一方面在我国传统用色中作为吉祥色出现，但也经常被应用在引人注意的报警和危险的信号中。当红色变为深色或带紫味的红时，即形成稳重、庄严的色彩；红色变为趋黄的近似朱红色时，明度更高，更热烈；若红色加白，则变为愉快、温和、甜蜜、优美，同时给人以幼稚、娇柔的感觉。强烈的红色适合与黑、白和不同深浅的灰色搭配；红色和绿色相组合时，只要处理好面积比例，以及明度和纯度的关系，就会使画面不仅具有活力，而且富有浓郁的民间色彩韵味；红色与蓝色配合显得稳重、有秩序。

b.在可见光谱中，橙色的波长介于红与黄之间，明度高于红色，性格响亮、温暖。橙色是色彩中感受最暖的颜色，给人庄严、尊贵、神秘等感觉，历史上许多权贵和宗教界常将橙色与金色并用。在自然界中，太阳、种子、果实等都含有丰富的橙色，因而橙色使人联想到金色的秋天和丰硕的果实，象征着华丽、富足、健康、温暖、欢乐，是年轻人的色彩。在现代社会，橙色常作为标志色、宣传色和安全防护色使用。在橙色上加白，给人以细腻、温馨、暖和、柔润的心理感受；在橙色上加黑，给人以沉着、安定、古香古色的感觉；在橙色上加灰，给人以沙滩、故土、灰心的联想；混入较多的黑色后，就成为一种烧焦的色；加入较多的白色会带来一种甜腻的感觉。橙色适合与浅绿色和浅蓝色相配，构成的色彩激动、响亮、欢乐；橙色与淡黄色相配，则给人舒服的过渡感；一般不建议橙色与紫色或深蓝色相配，因为给人一种不干净、晦涩的感觉。由于橙色鲜艳浮夸，有时会使人有负面低俗的意象，所以在运用橙色时，要注意选择搭配的色彩和表现方式，才能把橙色热情、活泼具有动感的特性发挥出来。

c.黄色的波长在可见光谱中居中，在视觉上具有尖锐感和扩张感，但缺乏深度。黄色是一种意义相互矛盾的颜色，一方面象征太阳、光明和黄金，给人愉快、辉煌、温暖、充满希望和活力的色彩印象。另一方面，由于明度最高，被认为轻薄、冷淡，且性格不够稳定，只要融入一点其他色相，就会改变其原有的面貌。黄色在我国古代象征君权，而在古罗马时期是普通人不准使用的高贵的颜色，在东南亚各国佛教中，黄色彰显庄严、尊崇、神圣，在欧美国家，基督教将其视为庸俗、低劣的下等色。在现代社会，黄色因明度极高，具有良好的可视性，通常被用在小商品的设计包装上。黄色还具

有警告的效果，和黑色搭配更加醒目，常被用作危险警示牌或注意标志牌的颜色。用在职业服装上，则有表示紧急和安全的意义。

在黄色中加白，会使人产生轻薄、娇嫩、可爱、天真等心理感受。歌德认为，黄色略加一点点蓝色就变成硫磺色。黄色物体在黄色光照下有失色的现象，呈现灰黄色时，易产生酸涩、病态和反常的一面。

d.在可见光谱中，绿色的波长居中，是人眼最适应的色光。

绿色是黄色和蓝色调和的颜色，因此它不是冷色，也不是暖色。它兼具蓝色的沉静与黄色的明朗，具有稳静、柔和的品格，能让人联想到和平、平静、安全，一般军装、交通信号、邮电通信都采用绿色。绿色和大自然与植物紧密相关，嫩绿、淡绿、草绿象征春天、成长、生命和希望，橄榄绿则给人平和的感觉。适当提高绿色的明度，会给人以宁静、清脆、爽快、典雅的心理；适当降低绿色的明度，会给人以稳定、浑厚、沉默、高雅的心理感受。

适合与绿色搭配的颜色有蓝色、米色、褐色、白色、黑色、灰色、红色、淡黄色等。蓝、绿搭配给人一种"水"的感觉；绿色与米色或褐色搭配让人联想到泥土的气息；红、绿搭配可以产生强烈的对比效果；白、绿搭配显得干净、明亮、淡雅；黑、绿搭配会有庄重之感；灰色搭配浅绿色显得大气；绿色与淡黄搭配让人觉得明艳动人。

e.在可见光谱中，蓝色光波较短，仅次于紫色，其明视持久度及注目性基本与绿色相同。蓝色与橙色、红色形成鲜明对比，是一种消极、收缩、内敛的色彩。纯净的蓝色易使人联想到海洋、天空、湖水、宇宙，具有崇高、深远、清凉、透明、沉静和寒冷

等心理特征，给人冷静、智慧和理性的感觉。在商业设计中，强调科技、效率的商品或企业形象，大多选用蓝色作为标准色、企业色；在许多国家和地区，警察的制服，空军和海军的军装也是蓝色的。在中国，蓝色是民间的传统用色，广泛用于青花瓷、蓝染面料和服饰品等。蓝色的色性具有较广的表现领域，明朗的蓝色富有青春气息，华丽而大方；淡蓝色给人以清淡、透明、高洁、聪明的感受；深蓝色则给人以沉静、稳重、低沉、神秘、孤僻的心理感受。蓝色的色性同时具有高度的稳定性，适合与白色、黑色、灰色、绿色、紫色以及黄色、橙色等多种颜色搭配。

f.紫色在可见光谱中波长最短，是色相中明度最低、最安静的颜色。紫色是所有颜色中最难把握的颜色。一方面，紫色被认为是高贵的颜色，代表高贵、庄重、奢华，给人以优越的心理感受。我国封建社会中，紫色代表圣人，帝王之气，只有高官和贵妇才能着紫服。在古代西方，紫色也代表尊贵，常成为贵族所爱用的颜色。另一方面，紫色因明度低，具有一种神秘感，易引起心理上的忧郁和不安，纯度高的紫色，有恐怖、紧张感；深紫色给人以虚伪、渴望、低沉、烦恼、丧失信心的感觉；灰暗的紫色给人哀伤、痛苦的感觉。在现代社会，常将紫色的明度提高，使之变得优雅、含蓄、秀气、妩媚或娇柔。紫色已成为现代设计中针对女性用品的代表色，常与白色、黑色、灰色或蓝色等搭配。

②无彩色系。

a.白色是一种包含光谱中所有颜色光的颜色，常被认为是无色的。白色让人联想到阳光、冰雪、白云，在心理上给人以明快清新的感觉，象征真理、光芒、纯洁、贞节、清白和快乐，但同时也有类似空虚、缥缈等色彩象征。纯白色会带给人寒冷、严峻的感觉，所以在使用白色时，常加入一些其他的色彩，如象牙白、米白、乳白等。服饰用色上，白色是永远流行的主要色之一，可以和任何颜色进行搭配。当白色与有彩色混合时，通过改变有彩色的明度和纯度获得丰富的色彩层次和视觉效果；当白色与有彩色并置时，可得到赏心悦目的色彩效果。

b.黑色是一种明度最低，同时也没有纯度的无彩色。由于黑色在视觉上是一种消极的色彩，容易让人联想到黑暗、罪恶、神秘甚至死亡，给人心理造成黑暗、悲伤、恐惧等感受。但黑色也是最有分量、最稳重的色，给人一种特殊的魅力，具有高贵、稳重、科技的意象。黑色也是一种永远流行的主要颜色，生活用品和服饰设计大多利用黑色来塑造高贵的形象。黑色也可与其他色彩组合，既衬托别的颜色，又不觉自己单调。

c.灰色是介于黑色与白色之间，中等明度、无彩度的中性色。人的视觉及心理对灰色反应比较平和，因此灰色总体上给人以柔和、平凡、含蓄、中庸、消极、稳定等心理感受。由于视认性和注目性都较低，灰色单独使用易显呆板无味，如果运用不同深浅的灰色搭配，会更显优雅与品位，给人以高雅、精致、含蓄的印象。灰色可以和任何色彩搭配。由于它的中立性，灰色常常被用作背景颜色。任何其他色彩与灰色搭配都能保留自己的性格，因此，灰色是让人放心的色彩，在设计领域被广泛地运用。

在毛衫设计中，不同的色彩使毛衫具备不同的面貌，也给人不同的心理感受（图5-12）。

图5-12　色彩的性质在毛衫中的体现

（2）色彩的情感联想

色彩运用的最终目的是传递情感。色彩本身是无所谓情感的，是一定环境中的色彩影响人们的视觉效果，产生冷暖、轻重、大小、远近等主观感受。经验丰富的设计师会利用色彩的象征特性，引发人们的心理联想，达到设计的目的。

①色彩的冷暖感。色彩本身并没有冷热温度，色彩的冷暖是人们根据生活中的具体经验，产生的色彩联想感受。根据人体对色彩所产生的主观心理感受，色彩可分为冷色、暖色及中性色。无彩色与中性色也有冷暖差异（图5-13）。

冷色系是指青色、蓝色等色彩，这些色彩让人联想到大海般的冰冷感觉；暖色系包括红色、黄色、橙色等，让我们联想到太阳与火的温暖感觉；紫色、绿色属于中性色彩，没有明显的冷暖倾向。在无彩色系中，黑色偏暖，白色偏冷，灰色、金银色为中性色。色彩的冷暖是相对的，暖色系当中会有偏冷的暖色，冷色系当中也会有偏暖的

冷色；中性色的色彩单独放着的时候没有冷暖，但是与其他颜色在一起对比的时候，它就有了冷暖感觉。它可以是冷色，也可以是暖色。

毛衫与机织服装一样，在具体的设计中，春夏季冷色系应用较多，让人觉得凉爽；秋冬季暖色系应用比较多，使人觉得温暖（图5-14）。

②色彩的轻重感。色彩的轻重感是指色彩从视觉上给人们心理上的重量感受。如图5-15所示，天平两侧的图形形态、面积一致的情况下，因为色彩的不同而让人从视觉上明显感觉到轻重差异。

色彩的轻重感主要取决于色彩的明度，明度高的浅色让人感觉轻，明度低的色彩使人感觉重。决定色彩重量感的另一个因素是纯度，在相同色相、相同明度的条件下，纯度高的色彩感觉轻；纯度低的色彩感觉重。不同色相也会给人以不同轻重感，暖色给人感觉重；冷色给人感觉轻。

服装色彩搭配中，轻色上重色下，给人

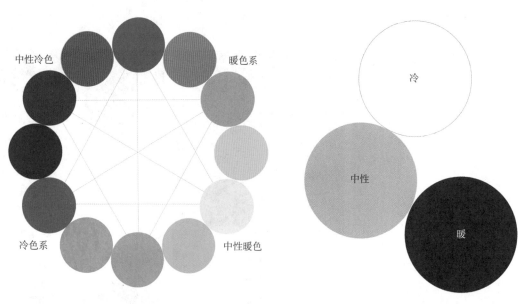

图5-13　色彩的冷暖感

图5-14　毛衫冷暖色彩在不同季节的运用

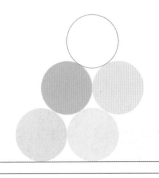

图5-15　色彩的轻重感

稳定、严谨的感觉；重色上轻色下，给人轻盈、灵动的感觉（图5-16）。

　　③色彩的进退与胀缩感。色彩的进退与胀缩感是指在同等远近距离上的色彩，在视觉上构成的空间距离和大小的幻觉。

　　在色彩的比较中，暖色、纯色、明亮色、强对比色看上去让人觉得比实际距离近，称为前进色；冷色、浊色、暗色、弱对比色会感觉比实际距离远，称为后褪色。从体量方面分析，暖色、纯色、明亮色、强对比色具有扩散性，看起来要比实际大些，因此这些颜色又被称为膨胀色；而冷色、浊

图5-16 毛衫色彩的轻重感

色、暗色、弱对比色具有收敛性，给人感觉比实际面积要小些，故又被称为收缩色。

在同等明度下，色彩的彩度越高越往前，彩度越低越向后；色彩的前进与后退与背景色紧密相关，在黑色背景下，明亮的颜色向前推进；反之则深色向前推进（图5-17）。

在服装上可以运用此特点来掩饰自己的缺点，例如，胖一些的人可以穿冷色或暗色等收缩感强的颜色，瘦一些的人正好相反，可以穿膨胀感强的颜色（图5-18）。

④色彩的软硬感。色彩的软硬感也是一种心理感受。从物理学角度讲，它主要取决于明度和纯度，与色相关系不大。明度较高，纯度又低的色彩配色能够在人们的心理上产生轻快、柔软的感觉，如粉红色调、淡

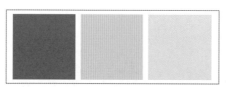

图5-17 色彩的进退与胀缩感

图5-18　色彩的进退与胀缩感在毛衫上的体现

紫色调等；明度低、纯度高的色彩配色可以渲染出深暗、沉重的氛围，一般具有坚硬感，如蓝色调、蓝紫色调、紫红色调等（图5-19）。无彩色系中的黑色和白色给人比较坚硬的感觉，灰色则显得更柔软。

图5-19　色彩的软硬感

色彩的软硬和轻重感是相辅相成的，凡感觉轻的色彩给人的感觉均软而膨胀；凡是感觉重的色彩给人的感觉均硬而收缩。

色彩坚硬或柔软的感觉往往要与相应的直线、曲线相互结合，才能体现出更强烈的软硬感受。

一般说来，柔软的色彩更适用于温暖、女性化的主题，硬气的色彩更适于表现刚强、男性化的主题（图5-20）。

⑤色彩的兴奋与沉静感。色彩通过视觉器官为人们感知后，可以产生不同的情绪反

图5-20　毛衫色彩的软硬感

射。让人感觉热烈、激动、欢快、兴奋的色彩被称之为积极兴奋的色彩；使人产生消极、低沉、伤感情绪的色彩则被称为沉静的色彩。

色彩的兴奋与沉静感主要取决于色相，同时受纯度、明度、冷暖关系的影响。从色相上看，凡是偏红和橙的暖色系给人以兴奋感，凡属蓝和青的冷色系给人以沉静感；从明度方面看，明度高的色具有兴奋感，明度低的色具有沉静感；从纯度上看，纯度高的色具有兴奋感，纯度低的色具有沉静感（图5-21）。因此，暖色系中明度最高、纯度也最高的色兴奋感强，冷色系中明度低、纯度低的色最有沉静感；强对比的色调具有兴奋感，弱对比的色调具有沉静感；中性的绿和紫则既没有兴奋感也没有沉静感。

一般来说，运动服、休闲服、童装和青少年服装适合用兴奋色，职业装、礼服、男

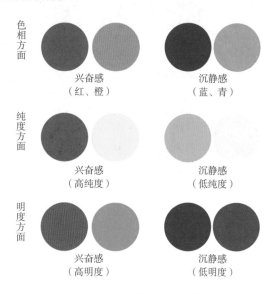

色相方面	
兴奋感（红、橙）	沉静感（蓝、青）
纯度方面	
兴奋感（高纯度）	沉静感（低纯度）
明度方面	
兴奋感（高明度）	沉静感（低明度）

图5-21　色彩的兴奋与沉静感

装适合用沉静色（图5-22）。

⑥色彩的华丽与朴实感。在色彩感觉中，还有华丽与朴实两种感觉（图5-23）。看到温暖的色彩会使人产生华丽、甜美的感觉，寒冷的色彩会则会给人朴素、朴实的感

图5-22　色彩的兴奋与沉静在毛衫中的运用

华丽感　　　　　　　　　朴实感
暖色系、高纯度、高明度　　冷色系、低纯度、低明度

图5-23　色彩的华丽与朴实感

觉；明度高的色彩给人感觉华丽，明度低的色彩感觉朴实；高纯度的色彩易产生华丽感，低纯度的色彩易产生朴实感。

色彩的朴实感与华丽感与色彩的纯度因素有关，也与明度和色性有密切的关系。纯度高、鲜艳、亮丽、色调活泼、强烈的颜色，明度较高且强烈对比的颜色，色性偏暖且强烈对比的颜色都给人华丽的感觉；朴实无华、色彩较灰浊的低彩度颜色给人朴实的感觉，以纯灰色最为典型。

通常情况下，礼服选用华丽色的比较多，日常服装则以朴实色为主（图5-24）。

5.1.2.2　色彩的知觉效应

知觉是在感觉的基础上产生的，是人脑对当前直接作用于感觉器官的客观事物的整体属性的反映。由于人的感觉效果以及对客观事物的联想，色彩对视觉的刺激会产生一系列的色彩知觉心理效应。

（1）色彩的适应知觉

人的感觉器官适应能力在视觉生理上的反应叫做视觉适应。人的眼睛具有很强的色视觉适应性，能自动适应占优势的光源色彩，并以该光源为标准去衡量其他物体的颜色。对色彩的适应现象可分为明适应、暗适应和色适应三类情况。

①明适应：当我们从漆黑的环境中突然来到强光下，眼前呈现一片茫茫白色，而后才慢慢地恢复视觉（过程较快），这种现象叫明适应。

②暗适应：在日常生活中，当我们从明亮的环境突然进入漆黑的场所时，起初什么也看不见，而后才慢慢地看清身边的物像（过程较慢），这种现象叫做暗适应。

③色适应：人对光源色的第一印象，也

图5-24　色彩的华丽与朴实感在毛衫中的运用

就是最初的色彩感觉，随着对物体的观察时间的增加而逐渐减弱，这种现象是视觉的色适应。所以，观察色彩时，要注意捕捉第一印象和最初的色彩感觉。

（2）色彩的恒常知觉

当我们对常态光源下物体的色彩（固有色）有一定认识后，即使光照条件发生变化，其色彩出现新的变化，我们仍能辨认出物体的原有色彩，这是因为我们在进行心理调节的缘故。视觉的这种能把物体"固有色"在照明灯光下区别出来的能力称为色彩的恒常知觉。例如，亮光下的煤人们依然认为是黑的，暗处的白球人们依然认为是白的，虽然亮光下的煤比暗处的白球所反射的光亮要多的多。同样，当红光照在白纸和黄纸上，白纸应为红色、黄纸应为橙色，然而

当区别他们时，仍然感到白纸有白度、黄纸有黄度。

（3）色彩的易见度知觉

易见度也称可见度，指色彩对于人的视觉感受的强弱程度。决定色彩易见度的因素主要是色彩的三属性。凡是暖色系的色彩、明度对比强烈的色彩、纯度比较高的色彩，易见度就高。反之，易见度就低（图5-25）。

在给服装的上下和内外装配色时，我们可以运用色彩的易见度原理来处理色彩的宾主和层次关系。

（4）色彩的错视

色彩的错视是指视觉中主观感受的色彩与客观颜色不一致，主要由人眼睛的生理构造与机能所引起。色彩的错视现象，必须是

在黑色底上，白色易见度最高，以下依次为黄色、黄橙色、橙色、红色、绿色、蓝色

在白色底上，黑色易见度最高，以下依次为红色、紫色、红紫色、蓝色、绿色、黄色

在灰色底上，黄色易见度最高，以下依次为黄色、白色、绿色、红色、紫色、蓝色、黑色

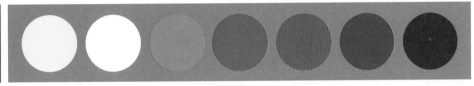

在红色底上，白色易见度最高，以下依次为黄色、蓝色、蓝绿色、黄绿色、黑色、紫色

在黄色底上，黑色易见度最高，以下依次为红色、蓝色、蓝紫色、黄绿色、绿色、白色

在绿色底上，白色易见度最高，以下依次为黄色、红色、黑色、黄橙色、蓝色、紫色

在紫色底上，白色易见度最高，以下依次为黄色、黄橙色、橙色、绿色、蓝色、黑色

在蓝色底上，白色易见度最高，以下依次为黄色、黄橙色、橙色、红色、黑色、绿色

图5-25 不同底色上的色彩易见度分析

在具有比较对象的前提下才能产生，这个比较对象可能是环境四周，也可能掺杂其间，或者是主题互相重叠，否则单独存在是不会产生色彩错视现象的。恰当地运用错视现象，能够增强设计作品的视觉冲击力和趣味性。图5-26为常见的几种色彩错觉。

两种明度有差异的色彩放置在一起，在相互映衬下，明度越高的色彩感觉越明亮，而明度越低则越暗淡

明度错觉

纯度相等的两个颜色放在不同纯度的底色上，高纯度底色上的色彩显得纯度低些，而低纯度底色上的色彩则相反；纯色与纯色对比时纯度感会增强，呈现炫目的感觉；纯色放在灰色底上，纯度变化不大，灰色会将纯色中和形成平和稳定的色彩效果

纯度错视
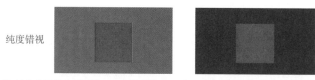

没有冷暖差异的无彩色一旦和其他色彩尤其是纯度高的色彩放置在一起时，会产生冷暖感觉，与冷色并置灰色有暖的倾向，和红色并置则会偏冷

冷暖错视

将互补色放在一起对比时，由于色彩产生的互补色残像，会产生强烈醒目的视觉冲击效果，使各自的色感更为鲜明突出

互补色
错视
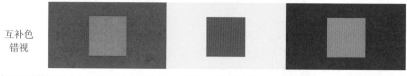

将面积相等的不同色彩填充在同一底色上，有些色彩会比实际上的色块要扩大一些，有些则会缩小一些，这是因为色彩具有膨胀感和收缩感

面积错视

在等距离情况下观察，波长较长且明度高的暖色有跃进感，而波长短且明度低的冷色调则有退缩感

距离错视

色彩的重量感是色彩的综合属性给人们视觉上的一种错视现象。明度低的色彩比明度高的色彩显得重，在相同色相、相同明度的条件下，纯度高的色彩比纯度低的感觉重

重量错视

图5-26 色彩的错视

5.2 毛衫色彩设计的特点

在服装设计中色彩起着十分重要的作用，它在美化生活、满足物质需要的同时，也给我们提供精神上的享受，因此色彩的协调与正确运用是服装产品成功走向市场的一个重要保证。

服装色彩是根据服装设计的特点和要求，表现色彩的形式美感和对比协调关系，当人的审美观念随着时代的发展而不断提高时，服装色彩也随着时代而不断创新。

在色彩的功能与作用等方面，毛衫色彩具有与机织等服装色彩设计相同的特性。

5.2.1 服装色彩的特性

5.2.1.1 社会文化象征性

服装色彩具有一定的社会文化象征性。纵观中外服装史，同时代的服装反映了所处时代的文明特征和社会审美风貌，而色彩正是对这些时代文明特征和社会审美风貌最为直观的表现形式。中国古代有以"分贵贱，别等威"为主要内容的服饰制度；在现代社会，色彩作为一种消费时尚与百姓的生活息息相关，成为时尚的主要元素之一。

5.2.1.2 实用机能性

服装色彩的实用机能性主要指依据色彩的科学原理，从人的视觉生理系统出发，根据人们工作的特点和需要所产生的功能要求，包括视觉识别功能和职业识别功能等。视觉识别功能主要用在登山服、公路、铁道养护人员服等；职业识别功能的目的是通过色彩的统一设计，规范从业者的工作行为，如医务工作者、警察等服装色彩。

5.2.1.3 以人为设计根本

服装色彩的最终目的是美化或保护人体。服装色彩要充分考虑色彩与人的关系，包括服装色彩与着装者的体型、肤色、年龄、性别以及妆色等。也就是说服装色彩要与着装者的精神气质构成整体美感；服装色彩能够较为有效地衬托人的肤色；服装的配色要适合人的年龄、性别和性格；要考虑妆色与服色的相互陪衬，把它放到服色中作为一体考虑。

5.2.1.4 综合协调性

服装色彩的综合协调性指服装色彩与人、社会环境以及自然环境的相互协调。服饰色彩不仅体现了穿着者的喜好，而且反映了穿着者的文化程度、精神气质和艺术修养；人们要穿着符合社会形象的服饰，在服饰形象上符合社会环境的要求；人类在不同的地理环境中，服饰色彩形态直接受自然环境的制约而变化，服饰色彩应与四季相适应。

5.2.2 毛衫色彩设计的特点

相对于机织等服装而言，由于面料与服装成型工艺的特殊性，毛衫的造型更为简洁、轮廓线条也更加柔和，使得毛衫的色彩比其他设计元素具有更强的视觉效果。毛衫的色彩设计，在具备一般服装色彩设计特性的基础上，还要考虑针织纱线、织物组织结构所构成的肌理效果、图案以及毛衫廓型对整体外观色彩的影响。

5.2.2.1 纱线对色彩设计的影响

纱线的基本特征的变化，包括纱线的外观形态、加捻，以及纱线表面的毛羽和内部蓬松性等，都会影响毛衫色彩的表现质感。利用纱线的可塑性和丰富性，充分发挥纱线的色彩表现力，可以使毛衫获得丰富多彩的色彩肌理效果。

（1）纤维形态对色泽的影响

常见的毛衫材质有棉、毛、丝、麻等天然纤维和化学纤维等。不同的纤维具有不同的形态和色泽，对毛衫的色彩感觉也产生了不同的影响。

棉纤维是一种细长、不规则转曲的扁平管状体。成熟的棉纤维截面趋近于圆形，反射光是漫射光，光泽显得柔和、质朴。且棉的染色性能好，可染成各种柔和的色彩。

羊毛纤维是一种卷曲、纵向为鳞片包覆的短纤维。其截面为圆形或椭圆形，光泽自然柔和。羊毛织物一般采用中性色，用色稳重、大方、文静、含蓄。

蚕丝是一种横截面接近三角形，纵向表面光滑、粗细均匀的长丝，照射到纤维表面的光线会产生一种匀化反射光的效果，因而蚕丝光泽亮丽、色彩柔和、高雅而不失艳丽、柔美。

亚麻纤维的横截面呈多边形，中间有狭窄的空腔，纤维表面有纵向条纹，在纤维的某些部位，这些条纹会发生横向错位。色彩一般浅淡、自然、素雅，有较好的天然光泽。

化学纤维是经过化学处理与机械加工而制成的纤维。可分为人造纤维（再生纤维）、合成纤维和无机纤维。其截面和形态可以根据需要人为设计，色感和光泽也可以仿照天然纤维。

（2）纱线结构变化对色泽的影响

纱线结构指组成纱线的纤维的空间形态、纤维间的空间排列关系，以及纱线的整体几何形态。在外观特征上主要表现为单纱或股线、纱线的粗细、捻度、捻向等，纱线结构

的变化主要影响的是纱线和织物的外观特征及品质性能，如色泽、手感、悬垂性等。

①纱线越细染色性越好，织物对光线的反射能力越强。所以纱线的粗细不同，其色光效果也不一样。细纱织物的色光更细腻、柔滑，粗纱织物的色彩则更暗淡、朴实。

②纱线的质地不同，光泽、质感和色彩效果也不同。例如，长丝纱与短纤纱相比、精梳纱与普梳纱相比，前二者织物表面更光滑、细致，色泽也更明亮柔和。花式纱线的色泽则更加丰富。

③纱线捻度的大小直接影响光泽。在满足强力要求的前提下，捻度应适中。捻度过小，纱线表面较粗、光泽下降；捻度过强，光线在纱线表面的凸凹之间被漫反射并吸收，色泽较差。

④不同捻向的纱线对光的反射明暗不同，利用经纬纱捻向和织物组织相配合，可织造出不同外观的织物。例如，将S捻向与Z捻向的纱线按一定比例相间排列，可形成隐条、隐花针织物。

5.2.2.2 组织结构对色彩设计的影响

毛衫的成型工艺与机织物不同，对面料的触觉和视觉肌理有更多的主动权，毛衫的组织结构对面料的肌理效果有着极大的影响。因此，毛衫的色彩设计，除了要考虑纱线的色彩外，还要考虑织物的组织结构所造成的肌理效应对整体外观色彩的影响，具体体现在织纹和色彩的变化两个方面。

（1）织纹对色彩视觉的影响

毛衫的组织有原组织、变化组织和花色组织三类。原组织和变化组织合称基本组织，包括平针、罗纹和双罗纹；花色组织包括提花、集圈、移圈、波纹、四平空转等。不同的组织其织纹对光线的吸收和反射不

同，形成的色彩视觉效果各异（图5-27）。

①平针组织。平针组织又称纬平组织，是纬编针织物中最简单、最基本、应用最广泛的单面组织，外观有正反面之分。因正面线圈的圈柱比反面线圈的圈弧对光线散射的作用更小，平针织物正面色彩相对更光洁鲜艳，呈现出清晰的辫状纹路；反面的纹理略为粗糙，色泽也更温暖、朴实。当然，为了

风格的营造，毛衫也常常运用平针组织的反面效果，尤其是休闲类毛衫（图5-28）。

②罗纹组织。罗纹组织是双面纬编针织物的基本组织，由正面线圈纵行和反面线圈纵行以一定的规律相间配置而成。正反面线圈纵行的不同配比形成不同的罗纹种类，如1+1、1+2、2+1、2+2、5+3、5+8罗纹等。罗纹织物的横向延伸性和弹性较好，可用于

图5-27　不同组织结构的色彩视觉效果

图5-28　平针组织正反面色彩视觉效果

紧身型毛衫，或毛衫的袖口、领口、下摆等边口部位。其色彩可以与衣身色彩一致，也可配以其他协调色彩，视觉效果相对平针组织饱和，并依罗纹线圈纵行数的不同组合而呈现出变化（图5-29）。

③双罗纹组织。双罗纹组织由两个罗纹组织复合而成，两面都呈正面线圈，所以又称双正面组织。双罗纹组织的延伸性与弹性较罗纹组织小，但质地更紧密，表面更平整、光洁，因此色泽也更柔和。根据其编织特点，双罗纹组织还可以采用不同色纱和适当的工艺，编织彩色横条、彩色纵条等多种花色效应的针织面料（图5-30）。

④提花组织。提花组织是将不同颜色的纱线垫放在按花纹要求所选择的某些针上进行编织成圈而形成的组织，具有纹路清晰、花型逼真等特点。提花组织可分为单面提花和双面提花两类，按纱线的颜色数可分为两色提花、三色提花、四色提花等（图5-31）。

⑤集圈组织。在针织物的某些线圈上，除套有一个封闭的旧线圈外，还有一个或几

图5-29　罗纹组织的色彩视觉效果

· 图5-30　双罗纹组织的色彩效果

单面提花组织正反面

双面提花组织正反面

图5-31　提花组织的色彩视觉效果

个未封闭的悬弧，这种组织称为集圈组织。集圈组织的花色较多，使用范围广，利用集圈的不同排列及使用不同色彩和性能的纱线，可使织物表面具有图案、闪色、孔眼以及凹凸等花色效应，使织物具有不同的服用性能与外观，色彩感较为丰富（图5-32）。

⑥移圈组织。移圈组织又称纱罗组织，是在毛衫基本组织的基础上，按照花纹要求将某些线圈进行移圈而形成的。由于移圈方法和规律的差异，移圈组织的花色效应一般分为挑花组织和绞花组织两种。挑花组织具有孔眼，以细针织物为多，适合轻快、亮丽

图5-32　集圈组织的色彩视觉效果

的色彩，并可以与内搭的服装形成色彩层次感；绞花组织一般以粗针织物为主，风格较粗犷，色彩较沉稳（图5-33）。

⑦波纹组织。波纹组织俗称扳花组织，是由倾斜线圈组成的波纹状花纹的双面纬编组织。倾斜线圈在横机上按照波纹花型的要求移动针床，得到各种曲折花型。根据采用基础组织的不同，波纹组织可分为罗纹波纹组织和集图波纹组织两类。波纹组织的色彩

肌理明显，并呈立体状，是毛衫常用的装饰纹样（图5-34）。

⑧四平空转。四平空转又称罗纹空气层、米拉诺罗纹，由一个横列的四平和一个横列的管状平针（空转）组成。四平空转织物正反面的平针组织无联系，呈架空状态，具有平整爽挺、针路清晰、光泽艳亮、紧密厚实、抗伸强度高、弹性好等特点，多用于冬季的毛衫，采用纯度较低的中性色和高

图5-33　移圈组织的色彩视觉效果

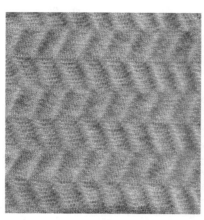

正面　　　　　　　　　　　　反面

图5-34　波纹组织的色彩视觉效果

级灰。

不同的毛衫组织有着自己独特的外观效果和服用性能，除单独使用外，还可以运用两种或两种以上的各类组织复合成新的组织，在织物表面产生横向条纹、凹凸条纹、孔眼等花色效应。这些组织也称为复合组织，目前毛衫生产中应用较多的复合组织多由平针、罗纹、集圈、浮线、衬纬、移圈、波纹等组织相复合而成。

（2）色彩的变化

在毛衫色彩设计中，不同组织肌理适合不同的色彩变化处理手段。

肌理较简洁的组织，通常需要更丰富的色彩变化。例如，平纹组织、空气层组织等常采用色彩结合图案的变化来打破平纹织物的单调感。

立体感强的组织，本身肌理的视觉效应已经具有较强的装饰效果。例如，移圈组织、波纹组织等。为了保持原本肌理的装饰效果，在这类组织上较少添加图案，多利用色彩的明度和纯度变化，或采用花式纱编织等手段来进一步丰富毛衫的视觉效果。也可以在衣身、袖身等部位添加一些具有一定对比度的彩条，起到画龙点睛的作用。

色彩变化手段除传统的色织、花式纱交织外，还可以运用晕染、绞染、数码印花、浮雕印花、色块拼接等方法，使现代毛衫充满强烈的色彩美感（图5-35）。

5.2.2.3 图案对色彩设计的影响

图案与色彩决定了毛衫的视觉肌理效果，对毛衫设计的重要性不言而喻。同时，毛衫的图案与色彩之间的关系也是相辅相成的，即图案是毛衫色彩的重要表现形式，可以说毛衫色彩的形式美很大程度上由图案来表达与决定。同样，和谐的配色不但可以给图案增色，更可以给陈旧的图案换上崭新的面貌，变成新潮纹样。

机织服装因受面料本身图案的影响，服装设计师对图案设计的发挥空间有限，而毛衫在图案的表现形式上则有更大的自由，设计师可以根据毛衫的使用和美化目的，结合工艺、技术等，通过艺术构思设计毛衫图案。

图5-35 色彩变化赋予毛衫强烈的色彩美感

（1）毛衫图案的类别

图案的种类繁多，分类角度也有空间关系、用途、表现形式、构成形式、题材以及地域等。毛衫图案属于专业图案中的服装图案，首先从与服装的空间关系上可分为平面和立体两种形式（图5-36）。

图案可以装饰毛衫的整体包括衣身、袖身、裙身等。也可以装饰局部如领口、袖口等边口部位，以及胸部、腰部和后背等部位。装饰部位不同，图案的构成形式也不一样，主要有独立图案和连续图案两种形式（图5-37）。

毛衫图案从具体的形式和题材上可分为几何图案、提花图案和传统图案三大类。几何图案主要有条纹、方格、菱形和波点；提花图案更为广泛，包括人物、动物、花卉植

毛衫平面图案

毛衫立体图案

图5-36　毛衫的平面与立体图案

毛衫单独图案

毛衫连续图案

图5-37　毛衫的独立与连续图案

物、风景建筑、卡通动漫和字母文字等；传统图案包括费尔岛纹样、阿兰花纹样、考伊琴纹样和阿盖尔纹样等，是毛衫设计中被反复运用的经典图案。

（2）毛衫图案与配色

①几何图案与配色。几何图案简洁、规律，视觉冲击力强，符合现代人的审美情趣，是毛衫设计中最重要的图案之一。毛衫中的几何图案主要有条纹、方格、菱形和波点四种形式（图5-38）。

条纹图案由直线、横线、曲线等线条组合而成，条纹的形式有横线、竖线、折线和曲线之分，还可以有宽窄的变化；方格图案由横线和竖线垂直相交形成方格并连续排列，横线和竖线之间间距的变化可以形成宽窄不同的条形骨骼，从而产生规律变化的方格图案；菱形图案由斜线格连续排列而成，可以通过对菱形图案中斜线格的大小和间隔的变化、重叠排列、错位排列而形成不同外观效果；波点图案由各种大小的圆点连续排列形成，可根据毛衫设计需要，将圆点大小、色彩、位置进行不同排列设计。

几何图案的外观颜色可由两种或两种以上颜色的纱线编织而成，通过色彩的混搭或者渐变等来产生丰富多变的色彩美。几何图案的色彩搭配要注意把握线条的流畅性和色彩的块面感处理。色彩面积的大小、色相、明度和纯度的对比与协调要有节奏感，同时

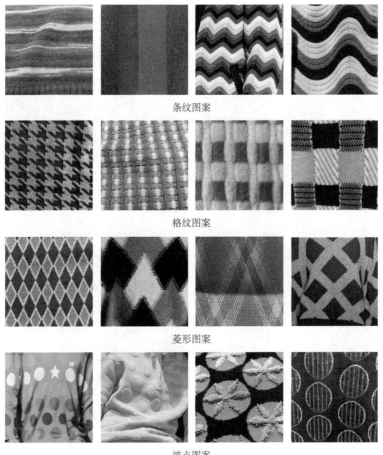

条纹图案

格纹图案

菱形图案

波点图案

图5-38　几何图案与颜色

还要注意表现色彩和线条的空间感。

②提花图案与配色。提花是最具毛衫特色的一种图案形式。提花织物的题材丰富、花型逼真，常见的有花卉植物、人物、动物、风景建筑、卡通动漫、字母文字、欧普风格图案和波普风格图案等（图5-39）。

设计花卉植物图案时要对花卉植物的外型进行几何简化处理，色彩也要在尊重客观事实、保留色彩层次感的基础上概括提炼，使之既符合人们的审美习惯，又方便生产；设计人物、动物形象要善于根据表现对象的特征进行造型和色彩上的抽象概括，达到结构明确、特征鲜明、富于装饰性的效果；风景建筑图案在毛衫中往往以直线条和色块的形式出现，明快简洁；卡通动漫形象是儿童和青少年毛衣中最常采用的主题，采用对比度强烈的色彩和生动的造型，充满趣味性；

字母文字也是比较常见的提花图案题材，包括汉字、英文字母等，字母文字不仅自身具有造型美感，还反映了它们所代表的文化，呈现出不同的风格，设计师则依据不同的风格做出不同的图案色彩搭配方案；欧普风格图案多利用几何图形和黑白等色彩对比产生视幻效果，其特征是图形和色彩的流动感、以此产生形与色光的运动感和视错效果；波普风格的图案追求混搭风，强调新奇与独特，采用强烈的甚至艳俗的色彩处理。

③传统图案与配色。费尔岛纹样、阿兰花纹样、考伊琴纹样、阿盖尔纹样和冰岛纹样等传统毛衫图案，在现代毛衫设计中依然被反复运用。费尔岛图案多以简单几何形的组合为主，如交叉的十字形和菱形等，此外也有自然题材的图案，如蕨类植物的叶子等。其图案和色彩设计布局具有很强的规律

图5-39　提花图案与配色

性，组合图案大多以横条状进行排列；阿兰花纹样的代表针法是绞花和菱形，传统阿兰花毛衫以白色为主，现代阿兰花毛衫也多采用浅色以彰显其独具魅力的针法；考伊琴纹样也以几何图案为主，装饰前胸、后背的动物和植物也被简化成几何图形，色彩上主要是白、灰、黑色，有时也带有棕色；阿盖尔纹样是多色组合的菱形花格，大多数的菱形包含层叠的线条，不同颜色的图形组合在一起，给人一种三维的视觉感；冰岛纹样的特点是肩部图案呈放射状，图案多为动物和植物，色彩主要有棕黑色、灰色和白色三种，具有典型的北欧风格（图5-40）。

费尔岛纹样

阿兰花纹样

考伊琴纹样

阿盖尔纹样

冰岛纹样

图5-40 传统图案与配色

5.2.2.4 廓型对色彩设计的影响

服装的廓型与色彩是相辅相成的，设计时，可以先构思廓型，然后选择恰当的色彩搭配；也可以先提出色彩方案，再根据色彩的整体感觉配合适宜的廓型。毛衫面料的柔软性、悬垂性、延展性等特点使其廓型设计宜从大处着眼，结合色彩，设计出更适合毛衫廓型的针织服装。

（1）根据毛衫廓型的种类进行色彩设计

从服装与人体的空间关系、人体的着装状态及视觉效果等角度看，毛衫廓型的变化可归纳为三种类型：紧身型、宽松型、直身型。

①紧身型毛衫主要有紧身便装和紧身运动类毛衫两大类：紧身便装指时尚、个性，适合年轻人穿着的毛衫，色彩多以流行色系为主；紧身运动类毛衫指合身贴体的运动休闲风的毛衫，色彩多为黄、橙、蓝、红等富有运动感色彩，加以黑、白等中性色，配色醒目夸张（图5-41）。

②直身型毛衫整体呈H型，线条平直简洁，造型端庄大方，适合不同性别、年龄和体型的人穿着，是最常见的毛衫廓型。色彩相对稳重、简洁，多为红色、蓝色、棕色、黑白灰色等常规色系，配色上以块面状分布，或局部有花式纹样装饰（图5-42）。

③宽松型毛衫廓型一般由直线加弧线组合而成，包括较厚重的外穿毛衣和柔软轻薄的家居服两种。前者一般选用比较轻松随意、自然、舒适的色彩，并灵活运用拼色、几何抽象纹样等装饰手法。后者多采用柔和浅色系和粉色系（图5-43）。

运动休闲

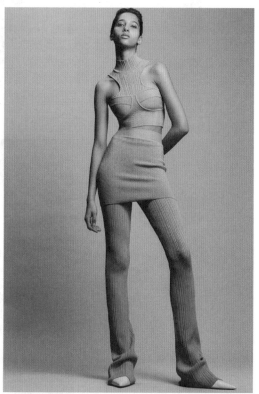

紧身便装

图5-41　紧身型毛衫常用配色

图5-42 直身型毛衫常用配色

外穿

家居服

图5-43 宽松型毛衫常用配色

（2）根据毛衫廓型的风格进行色彩设计

常见的毛衫廓型有H型、A型、Y型、T型，X型和O型等。不同的毛衫廓型给人不同的风格印象，在色彩设计时应有针对性地区别对待（图5-44）。

①文静端庄的风格。H型的毛衫廓型清晰、简洁合体，多采用细腻、柔软的羊毛材料，整体给人文静端庄的风格印象。可以选

| 宁静端庄风格 | 活泼可爱风格 | 简洁自然风格 | 雍容华贵风格 |

图5-44　毛衫廓型风格与色彩

用雅致、沉稳的图案和宁静的中性冷色或凝重的深色调。

②活泼可爱的风格。A型轮廓的毛衫常给人活泼可爱的感觉。这类风格的毛衣造型夸张，充满活力和运动感。色彩可以以暖色为基调，运用明度对比大的鲜亮色彩，也可以搭配少量的含灰色或无彩色。

③简洁自然的风格。Y型、T型的毛衫轮廓清晰、线条流畅，多运用柔软轻薄的面料，整体风格简洁自然。这类风格的毛衫通常运用淡雅柔和、清爽亮丽的色彩组合。

④雍容华贵的风格。X型、O型的毛衫立体感较强，多采用光泽面料，注重服装表面的装饰，给人以雍容华贵的风格印象。色彩可采用暖色、浅色或冷色，与鲜艳色彩搭配组合，同时要注意色彩的对比与协调关系。

5.3　毛衫的色彩设计

5.3.1　毛衫色彩的组合

服装色彩组合的目的是使服装整体符合穿着者的色彩感觉，并达到色彩平衡。有秩序的色彩组合，往往能使人产生愉悦的视觉享受。

5.3.1.1　毛衫色彩组合的基本条件

（1）强调整体

服装色彩设计是一种综合设计，强调整体感。毛衫的色彩组合应与着装者的性别、年龄、体型特征、气质等相符合，与其他上下、内外的服装色彩也一并整体考虑在内，这样才能构成一个有机的、个性鲜明的整体，构成视觉效果的总倾向——整体美。

（2）主调鲜明

服装色彩的主色调是指在服装多个配色中占据主要面积的颜色。在配色过程中，无论用几种颜色来组合，先要确定总体色调。如果各种颜色面积平均分配，色彩之间互相排斥，就会显得凌乱，尤其是用互补色或对比色时，色彩的无序状态就更加明显，主色调就不存在了。

（3）主题突出

色彩组合要突出服装的主题。首先，色彩组合表现的风格要与服装的整体风格相匹配；其次，色彩组合要突出服装的季节性，不同季节的服装有约定俗成的色彩组合；最后，不同的穿用对象和着装场合对服装色彩都有不同的要求，要针对性地进行色彩组合，突出服装主题。

（4）宾主呼应

在服装色彩组合中，任何色彩的处理都不应该是孤立的，色彩与色彩之间要主次分明，同周围的色彩相呼应，从而达到整体的色调和谐。

5.3.1.2　毛衫色彩的搭配方法

毛衫色彩搭配主要有统一、衬托、呼应、点缀、对比、缓冲以及色块拼接等方法（图5-45）。

（1）统一法

统一法是指毛衫色彩采用同一色调或色系，以服装的主色调为配色基调，选择与之相近的颜色进行搭配。这种方法最容易达到和谐的目的，但也容易造成毛衫单调、沉闷。因此在运用统一法时，可以在明度、纯度或面料的肌理等方面形成差异，显出色彩的层次感和节奏感。

统一法

衬托法

呼应法、对比法

点缀法

缓冲法

色块拼接法

图5-45　毛衫色彩搭配方法

（2）衬托法

衬托的目的是使毛衫色彩在各种对比组合中显出秩序与节奏，达到主题突出、主次分明和层次丰富的效果。色彩衬托的主要形式有明暗（深浅）衬托、冷暖衬托、灰艳衬托和简繁衬托等。在毛衫的色彩搭配上一般采用内、外衣深浅，或是上、下身深浅等衬托。

（3）呼应法

色彩呼应是指相同或相近的色相产生的呼应作用，这是取得色彩均衡、形成整体协调统一的有效途径。毛衫的色彩呼应可以在各种色彩中都混入同一种色素，从而使各色之间产生内在的联系，也可以是主、次色间的相互呼应和协调。

（4）点缀法

当色彩过于单一或色调太统一时毛衫容易显得单调、呆板，这种情况下可以在毛衫的整体大块面色彩中融入与之冷暖色调不同的小面积的点缀色，或者以丝巾等服饰品的形式出现，起到画龙点睛的作用。

（5）对比法

对比法是指运用色彩的色相、明度、纯度和冷暖差异，使服装的局部与局部、局部与整体形成鲜明的反差，显示出鲜艳、活泼、明快的感觉。为避免反差过大，可以通过调整色彩的面积、降低色彩的纯度、在色彩间建立呼应等手段来调整，使之达到对比与统一的视觉效果。

（6）缓冲法

在毛衫色彩搭配中运用缓冲淡化的方法，可以使对比或强烈的色彩变得柔和协调起来，起着微妙的联结作用。缓冲一般有两种方法，一种是利用冷暖规律排列的颜色过渡协调，另一种是用有协调性的无彩色和金、银色进行协调。

（7）色块拼接法

色块拼接法指用不同的色块将毛衫分割后再拼接的配色方法，可以运用同类色、邻近色和互补色拼接。色块拼接法的视觉效果强，不同拼接传达不同的色彩感受：同类色拼接给人安静愉悦的感觉，邻近色拼接给人稳定的动感，互补色拼接张扬活泼，给人眼前一亮的感觉。

5.3.1.3　毛衫色彩的常见组合方式

色彩的和谐美是在对比组合形式的基础上建立的。抓住不同色彩的性格，使之适合于设计的条件，这在配色中叫做调和，也可称为色彩的组合。

（1）无彩色系的组合

无彩色系组合指的是黑、白、灰色系的组合搭配。无彩色不同于其他色彩具有一定的流行时段性，它们既经典又时尚，是生活服饰中最为常见的色彩。

在毛衫中使用无彩色显得干净、利落，同时也比较前卫、时髦。但在色彩组合时要注意：第一，无彩色系有冷暖之分，不同的色调表现出的冷暖性不同；第二，无彩色也有各自的情感特征，会引发着装者不同的情感联想；第三，无彩色既能作为主色，也能作为辅色和点缀色，因其使用面积的不同，表现也不一样；第四，因毛衫纱线和组织等的不同，相同的无彩色也会表现出差异。

总结起来，无彩色系的组合方式主要有以下两种方式（图5-46）：

①单一无彩色的运用。使用单纯的黑色系、白色系或灰色系的搭配，自成一派，极具个性和时尚感，充分体现了黑、白、灰色各自独特的视觉魅力。

a.黑色的色感最重，具有高雅、优越、

图5-46 无彩色系的配色

理性、神秘、庄重的视觉效果。黑色看似平凡，却是永恒的流行色，在丰富视觉效果的同时给人一种时尚，前卫的感觉。

b.白色是一种单纯的颜色，具有干净、凉爽、纯洁、空灵的视觉效果。由于色彩倾向的不同，白色仍能表现丰富的色彩变化，结合不同的纱线和组织，白色毛衫显得单纯却不单调。

c.灰色介于白色和黑色之间，虽无色相，但明度层次丰富，兼具黑、白两色的优点。各种灰色具有不同性格的表现，再配以适当的材质，更能显示出灰色的魅力。

②无彩色之间的组合。

a.黑白组合：黑白配是最常见的无彩色搭配，有多种形式：运用黑白色大块面组合搭配，可使毛衫显得明朗时尚；黑白色通过分割或交叉的手法组合，具有丰富的视觉效果；黑白色互为图底的搭配，动感较强；运用欧普风格图案可增加毛衫的艺术性和设计感。

b.黑灰组合：黑色与浅灰、中灰的组合较常见。黑色配深灰色要慎重，因为两个色都比较暗，容易太过沉闷，最好有第三种颜色出现，则会降低这种感觉。

c.灰白组合：白色配中灰色、深灰色非常受欢迎。其中白色配浅灰需要注意，太过浅淡的灰色会使白色显得不洁净，最好再添加第三种颜色。

d.黑白灰组合：运用点线面构成要素将黑色、白色以及灰色相互穿插搭配，可使毛衫产生更为丰富的视觉效果。

（2）有彩色系的组合

①色相配色。由于各个色相在色相环上的距离不同，形成了不同的色相差异，因其差别而形成的色彩对比现象，称为色相配色。以24色相环为例（每两色间隔角度为15°），任取一色为基色，可和另一个颜色组成同一、类似、中差、对比和互补关系（图5-47）。

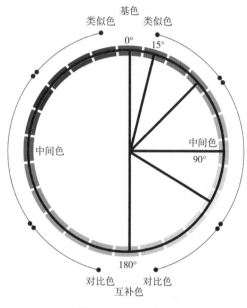

图5-47　24色相环

a.同一色相配色是指将某一色相添加黑色、白色或灰色而形成的深浅色调所构成的色彩组合。同一色相的色彩进行搭配，色相感单纯、柔和、协调，无论总的色相倾向是否鲜明，色调都很容易统一调和，若处理不当也容易显得单调。我们可以通过明度和纯度的对比变化所形成的色彩反差，来达到对比与统一的平衡效果，也可以运用面料的肌理变化使得色调不再单一（图5-48）。

b.类似色相的配色是在色相环上间隔30°～60°的色相间的配色，包括远邻类似色和邻近类似色。这种配色方法产生的效果常常趋于平面化，但也正是这微妙的色相变化，使画面产生比较清新、雅致的视觉效果。图5-49为毛衫中的类似色相配色的几种主要方式。

c. 中差色的配色是指在24色相环上相隔角度处于60°～90°之间的色相的配色。中差色对比既不强烈又不太弱，是对比适中的色彩搭配。中差色相组合的效果显得丰富活泼，既具有统一的优点，又克服了视觉不足的缺点，有较大的配色张力效果，是非常个性化的配色方式（图5-50）。

d. 对比色相的配色是色相环上间隔120°～180°的色相间的配色。其中，色彩间隔180°的两色的配色对比最强烈，称为互补色配色。对比色相的搭配是色相的强对比，色相感强烈，容易使人兴奋激动。对比色相配色若不加以控制，容易产生不调和的感觉，若配色关系处理得当，可以得到富有戏剧性的配色效果（图5-51）。

e. 多色相配色指同时运用多种色彩搭配。因使用色数较多，此种配色方法容易产生杂乱感，从而使毛衫整体失去调和的感觉。为了避免杂乱，多色相配色最关键的是抓住主色调，在确定色调的基础上，选定某一种色或某一个色系作为主色，并将主色设置成一个最大面积的大色块或几个相同

图5-48　同一色相配色

在类似色组合中确定一个主色，将次色打散点缀主色，色彩跳跃灵动

通过调整类似色的面积大小形成主次关系来改善毛衫色彩的观感

在类似色相配色中，加入其他颜色可以使色彩感觉更丰富

类似色搭配时在纯度或明度上变化对比度，同样会有色彩明快跳跃的感觉

在类似色组合中，某一色或多色以图案的形式出现，色彩明显，设计感较强

类似色相互穿插，使色彩更丰富，也是最容易取得协调的配色方式

图5-49 类似色相配色

将一组中差色穿插搭配，形成丰富的装饰效果

一组中差色中，一色为主色，另一色做明度变化

两个中差对比的颜色并置，有明快的色彩感觉

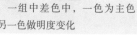

图5-50 中差色相配色

在毛衫上运用两种对比色直接组合，可形成绚丽耀目的视觉效果

将多种对比色以小面积互相穿插运用，使毛衫的色彩绚丽又不冲突

将大块面的对比色用于毛衫上，形成跳跃的色彩，有活泼可爱的感觉

在对比强烈的色彩组合中插入无彩色，色彩既鲜明响亮又不冲突

采用互补色双方面积大小不同的处理方法，在面积上形成主次关系

运用对比度最强的补色时，变化互补色的纯度或明度，减弱对比强度，色彩更协调

在明度与纯度之间相互调节，注意明暗比例和明暗关系，分清主次

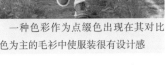

一种色彩作为点缀色出现在其对比色为主的毛衫中使服装很有设计感

采用色相过渡，在对比色中之间插入其他色彩会减弱对比

图5-51 对比色相配色

色块，然后适当配置小面积的辅助色、点缀色、调和色进行搭配。这样才能乱中有序，最后达到调和之美。这样既突出了重点，强调了色调，又显得丰富多彩。

除了把握色调，还可以改变色彩的明度和纯度。当各色明度相合时，色彩是统一、协调的；当统一使用纯度高的色彩时，多色相配色会产生热闹又愉悦的印象；用纯度低的色彩来统一配色，则可以使整体带有灰暗、安宁沉稳的印象；以中间调的纯度统一色彩，除了带来欢乐愉快的印象之外，同时能做出具有一致性的配色（图5-52）。

图5-52　多色相配色

②明度配色。明度就是拿掉色彩最外面的表象特征（即色相）后，色彩背后的东西。明度配色主要通过明度的差别形成色彩对比。色彩的明度值可以用0～10的数值来标识，0代表最低明度，对应黑色；10为最高明度，对应白色；黑白之间是渐变的灰色。色彩从亮到暗两端，靠近亮的一端的色彩称为高调色，靠近暗的一端的色彩称为低调色，中间部分为中调色（图5-53）。

不同颜色会有明度的差异，如黄色的明

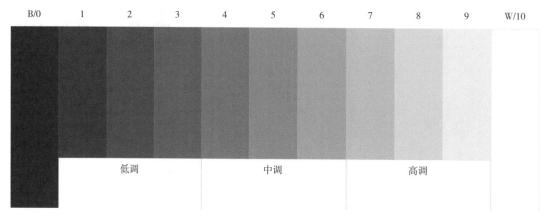

图5-53　色彩的明度值

度一般高于蓝色；相同颜色也有明暗深浅的变化，如深绿和浅绿色。我们可以通过加黑、加白的方法来改变色彩的明度，加入黑色的色彩，明度降低，加入白色，明度升高。

不同明度的色彩会给人不同感觉，明度越低的色彩，给人感觉后退、收缩、沉重；而明度越高的色彩，给人感觉前进、膨胀、轻盈。

如果说基于色相的搭配中，色相环是一个重要的标准，那么在基于明度的搭配中，明度渐变的谱系就是一种重要的标准。在基于明度的搭配中，可以从明度渐变的谱系中得出三种明度关系：明度反差大的配色称为

长调，明度反差小的配色称为短调，明度反差适中的配色称为中调（图5-54）。

综合色彩的明度值和对比度，如图5-55所示，毛衫的明度配色可以有高短调配色、高中调配色、高长调配色、中短调配色、中中调配色、中长调配色、低短调配色、低中调配色，以及低长调配色九种方式。

③纯度配色。纯度配色即因纯度高低不同的颜色并置所产生的对比现象。配色中的纯度变化主要有高纯度搭配、中纯度搭配、低纯度搭配以及纯度差异大、纯度差异小等几种情况（图5-56）。

明度差异较大的长调

明度差异较平均的中调

明度差异较小的短调

图5-54　色彩的明度对比

高短调配色：以高调区域的明亮色彩为主导色，采用与之稍有变化的色彩搭配，形成高调的弱对比效果

高中调配色：以高调区域色彩为主导色，配以不强也不弱的中明度色彩，形成高调的中对比效果

高长调配色：以高调区域色彩为主导色，配以明暗反差大的低调色彩，形成高调的强对比效果

图5-55

中短调配色：以中调区域色彩为主导色，采用稍有变化的色彩与之搭配，形成中调的弱对比效果

中中调配色：以中调区域色彩为主，配以比中明度稍深或稍浅的色，形成不强不弱的对比效果

中长调配色：以中调区域色彩为主导色，采用高调色或低调色与之对比，形成中调的强对比效果

低短调配色：以低调区域色彩为主导色，采用与之接近的色彩搭配，形成低调的弱对比效果

低中调配色：以低调区域色彩为主导色，配以不强也不弱的中明度色彩，形成低调的中对比色效果

低长调配色：以低调区域色彩为主导色，采用反差大的高调色与之搭配，形成低调的强对比效果

图5-55　色彩的明度配色

高纯度搭配：有强烈的色彩对比和视觉冲击，多在配饰或局部小面积地使用

邻近色的中纯度搭配：此方法可以增加色相的对比感，使色彩不至于太过平淡

对比色和补色的中纯度搭配：采用中纯度对比，效果不失华丽但又显得优雅

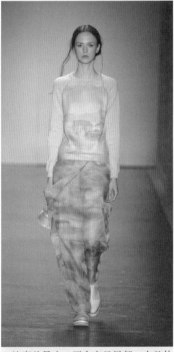

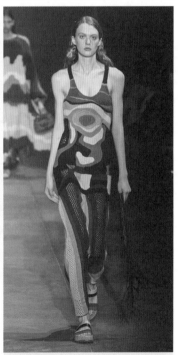

低纯度搭配：颜色混合得越多，越会显得浑浊、晦暗

纯度差异小：不会突显局部，在整体上达成一种平静和谐

纯度差异大：低纯度色相和高纯度色相相互衬托，在整体上达成宁静优雅感

图5-56 色彩的纯度配色

5.3.2 常用色与流行色

5.3.2.1 常用色

常用色是在特定范围内具有很强的适用性，使用面广、应用持续时间长、符合人们普遍接受的审美标准的色彩。服饰常用色主要由服饰上的传统色、习俗色和偏好色构成，如蓝色、黑色、白色、卡其色、灰色和红色等。

（1）服装常用色的形成与特点

①常用色具有区域性特征。服装常用色是由于某个区域内的民族、宗教、历史、经济、民俗、自然环境及人的肤色等因素综合影响而形成的，因而世界各地都有自己的常用色，具有较明显的区域性特征。例如，中国的经典常用色红与蓝：红色代表喜庆、繁荣、热闹与祥和，中国人的内心深处都有着红色的情结；深蓝色由蓝草浸沤而形成，是中国农耕社会的产物，有着深厚的民间生命力，同时，其不张扬的特性也迎合了中国传统文化内敛的精神。

②常用色不是绝对不变的。常用色的纯度低、色感沉稳，具有较强的色彩调和能力，不易引起视觉与心理疲劳。同时，由于特定的自然及人文环境等原因，一定区域内的人对服装色彩有相对固定的偏好，所以流行色的色卡中也会加入一定的基本色。基于此，从色彩组合的需要出发，常用色在不同的流行趋势下就需要对色彩倾向做出相应的调整，以适应新的色彩面貌。

（2）服装常用色的应用特征

①服装品类对服装常用色的影响。不同品类的服装有着不同的用途，常用色的使用情况也会有所差异，这是由服装的功能、人们的审美心理以及服装整体配色的要求等决定的。就毛衫来看，下装使用常用色多，上装使用流行色多；使用周期较长的内穿式毛衫，采用常用色的比例高于外穿式毛衫；黑色、蓝色、咖啡色等暗色较多用于下装，而白色、红色等亮色多用于上装。

②季节变化对服装常用色的影响。不同的季节，人们在不同的服装中采用常用色的种类与数量也存在一定差异。总体来讲，秋冬常用色的采用率高于春夏。在具体的颜色方面，春夏期间多采用白色、浅卡其色等亮色；秋冬季则多使用黑色、深蓝等暗色。

③服装定位对常用色的影响。不同层次的消费群体对常用色的喜好不一样，毛衫的色彩设计针对不同定位的顾客群也有所区别。一般来说，针对年轻群体服装色彩流行色的分量更多，目标顾客群是中老年的服装色彩多在常用色中变换。

④常用色的常用是相对的。常用色也具有流行性特征，每一季常用色的色调会产生微妙的变化，为了适合配色的需要，常用色在流行暖色时其色调也会偏暖，反之则会偏冷。常用色的使用数量也会随流行趋势的变化而有所不同。

⑤常用色也可以成为流行色。从理论上讲所有的色彩都有同等的成为流行色的机会，不过常用色因为常见，当它们流行时不会给人们太大的视觉冲击，而当流行季过后，它们也不会销声匿迹。如何恰当地运用常用色的前提是准确把握流行的脉搏。

（3）常用色的市场价值

流行色的商品可以在短期内迅速、大量地销售，但流行一过便少有人问津，采用常用色的服装反而可以持续销售更长的时间。因此常用色往往被品牌作为销售量的基础保障色，在服装商品总量中占有绝对优势。

由此可见常用色的市场价值与地位不可低估，在毛衫的色彩设计中，设计师只有充分意识到常用色的价值，根据毛衫产品的种类、季节、定位等恰当地把握常用色和流行色的配比，才能使产品在市场中取得销售优势。

5.3.2.2 流行色

流行色是指在一定的时期和地区内，被大多数人所喜爱或采纳的带有倾向性的几种或几组合乎时代风尚的颜色。流行色代表的是某个时代的某种趋势和走向，具有流行快而周期短的特点，对服装的生产、销售和消费有重大的指导和引导作用。

（1）流行色的产生与变化动态

流行色的产生与变化受社会经济、科技发展、消费者心理变化、色彩本身流行规律等多种因素的影响与制约。每年来自世界各地的流行色专家会根据市场色彩的动向等多种因素，预测出未来12个月或18个月后将会出现的几组流行色彩。不同阶段的流行色的变化规律主要体现在色相色调的变化上。从色相方面看，新流行的色彩常由暖色系向冷色系转换，或者由冷色系向暖色系转换；从色调方面看，新流行的色彩与原来的色彩存在明暗、鲜浊的转换。

（2）流行色的作用

流行色是一种在特定环境与背景条件下产生的社会现象，是人类物质文明高度发展的产物。流行色在现代生活中的作用是显而易见的。首先，流行色的存在对各国文化交流、产品的国际化等都有着极大的促进作用。其次，流行色还能很大程度的引导和刺激消费；最后，流行也能为商家的生产提供指导，避免生产的盲目性。

（3）流行色的应用

应用流行色时切忌将当季的流行色统统搬到服饰上。一般来说，使用寿命短、相对比较便宜的T恤、裙装等服饰，流行色的运用比例较高；对于一些使用寿命比较长、比较贵重的秋冬季服饰，一般以常用色、无彩色为主。

5.3.2.3 品牌服装设计中的用色方法

品牌服装是表现美同时追求商业价值的产品集合，作为调和产品效果的重要设计手段，品牌用色通常由品牌色、常用色与流行色三者相互搭配而成。品牌色是指一个品牌长期固定的几个或几组色系，是最能代表该品牌形象的固定用色，因而也是产品设计的主要用色。而常用色则代表了品牌方与消费者对某色系或配色的共同认可，品牌色与常用色的使用都具有稳定消费者心目中品牌形象的重要作用。相对品牌色与常用色而言，流行色能够在一定时间内引导消费者的审美取向，同时为引导消费以及生产提供合理依据。

在品牌形象设计中，品牌色、常用色和流行色三者的应用比例是关键，表现了品牌的不同风格定位。例如，年轻时尚风格的服装流行色应用较其他两种增多；经典优雅风格的服装则应用常用色比例大于流行色和品牌色。在毛衫色彩设计中，为了能够更好地将常用色、品牌色和流行色应用到品牌形象中，设计师要注意三者之间的平衡关系，最大限度地减少色彩设计的风险性。

1 色彩搭配练习：以前期所做的毛衫整体造型设计为素材，使用本章所学的无彩色系和有彩色系配色知识完成配色。

2 色彩主题练习：以小组合作的形式，选取一个主题，根据主题收集并筛选出最能表达主题理念的一系列图片，创建色彩概念板。

3 色卡配置练习：分析提取主题图片中的色彩，合理把握品牌色、常用色和流行色的比例关系，并配置相应的色卡。

4 开展毛衫款式系列拓展设计（实用系列和时尚或创意系列各一）。

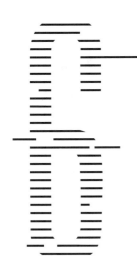

项目五：装饰设计

项目描述 通过对毛衫装饰设计基础知识的讲解以及毛衫装饰设计特点和方法的分析与探讨，最终让学生在实践中能够针对不同的产品开展毛衫的装饰设计。

知识准备 毛衫装饰设计的概念、表现形式和作用；毛衫装饰设计的指导原则、设计要素和表现方法。

工作步骤 讲授、资料收集分析、讨论、模拟设计。

毛衫是现代服饰中不可或缺的一部分，随着人们生活水平的提高和针织生产加工方面科技的进步，毛衫进入了多功能化和高档化的发展阶段，毛衫的外衣化、时装化、个性化已成必然趋势。

针织面料本身所具有的特性和毛衫的成型工艺等，决定了毛衫不宜采用复杂的剪裁分割线和过多的缉缝线。为了避免因造型简单而产生的平淡甚至呆板感，设计时常采用组织变化、色彩变化、花型图案变化等装饰手段，或者多种手段综合，使毛衫产生各式各样的肌理效果，极大地增加了毛衫的艺术魅力。

6.1 毛衫装饰设计综述

6.1.1 毛衫装饰设计的概念

装饰一词在西方源于17世纪，而中国则在5~6世纪便已出现。装饰的基础含义是指对生活用品或生活环境进行艺术加工的手法，也指起修饰美化作用的物品，即装饰品。毛衫的装饰设计则是结合美学原理，利用恰当的装饰手法以及装饰物为普通的毛衫增添亮色，使其形成特有的风格，具有一定的艺术价值和市场竞争力。无论装饰手法还是装饰品，都必须与所装饰的毛衫有机地结合，成为统一、和谐的整体，才能丰富艺术形象，扩大艺术表现力，加强审美效果，并提高毛衫的功能性、经济价值和社会效益。

6.1.2 毛衫装饰设计的表现形式

毛衫装饰设计具有丰富的表现形式。从装饰手法上包括：利用面料的组织结构变化、花型图案变化产生的视觉肌理效果来装饰毛衫；添加其他装饰物对毛衫进行装饰；运用后整理工艺对毛衫进行装饰等（图6-1）。

| 组织结构变化 | 花型图案变化 | 添加其他装饰物 | 后整理工艺 |

图6-1　毛衫的装饰手法分类

毛衫装饰设计从空间造型上可分为平面装饰、半立体装饰和立体装饰三种。平面装饰主要指各类色织、印花、染色的花型图案；半立体装饰主要指毛衫的各种组织设计；立体装饰则指毛衫上添加的各类饰品，如蕾丝、流苏、珠片等。这三种装饰既可单独应用，也可互相结合、交错使用（图6-2）。

| 平面装饰 | 半立体装饰 | 立体装饰 | 综合装饰 |

图6-2　毛衫装饰设计的空间造型分类

6.1.3　毛衫装饰设计的作用

服装装饰是一种综合性的装饰艺术，体现了材料、花色、款式、工艺等多种因素的协调之美。好的毛衫装饰设计，首先能使毛衫面料的质感、肌理产生较大的变化，使毛衫更具视觉冲击力和感染力；其次能利用恰当的装饰手法与材料，针对毛衫的特性进行艺术再设计，帮助更好地强化与表达毛衫的主题风格、提高毛衫的时尚度；最后装饰设计是现代服装个性化设计的重要手段，因此个性化的装饰设计还能增加毛衫的附加值。

与其他服装装饰技法一样，毛衫的装饰技法在总体上遵循服饰美学的构成原则，但在艺术与形式的具体表现上有自身的独特规律与个性，不同的手工技法有其特殊的技艺特点。设计师必须充分了解毛衫装饰的技法和特点，才能更完美地体现毛衫的美感。

6.2 毛衫装饰设计的指导原则

6.2.1 毛衫装饰设计的功能性原则

功能性原则是毛衫装饰重要的设计原则。装饰设计从属于毛衫这个载体，无论是怎样的装饰设计，都要考虑毛衫本身的实用功能、穿着对象、适用环境以及款式风格等因素。

6.2.2 毛衫装饰设计的审美性原则

服装极具流行性和时间性，受时尚趋势、消费者审美，以及产品意境表达等因素的影响，现代服装演变得更具个性与时代感，这正是服装设计的审美追求所在。装饰设计是强调服装产品审美功能的重要手段，从形式美感上来说，毛衫的装饰设计必须遵循以下法则。

6.2.2.1 对比调和

对比是把对立的要素并置在一起，突出个性，产生强烈的艺术感染力；调和则相反，在差异中追求统一、协调，通过一定的处理手法取得统一的效果。对比和调和只存在于同一种类的因素之间，如形状只能与形状，而不能与色彩产生对比调和关系。

对比在毛衫装饰设计中的表现形式很多，如形状方面的方圆、曲直、大小、凹凸等；色彩方面的冷暖、色相、明度和纯度等；肌理方面的如光滑与粗糙、有光与无光等（图6-3）。

色彩对比调和

肌理对比调和

材料对比调和

组织对比调和

图6-3 毛衫装饰设计的对比与调和

6.2.2.2 比例分割

比例是完美设计构造中非常重要的一点，它是决定艺术作品完善、优美的关键。一般情况下，比例差异小，即同类量之间的差异小，容易协调，但容易引起视觉疲劳。如果同类量之间的差异超过了人们审美心理所能理解或承受的范围，则会感觉比例失调。比例在毛衫装饰设计中的应用主要表现为黄金分割比例、渐变比例、无规则比例的应用（图6-4）。

6.2.2.3 节奏韵律

节奏是静态元素按照某种规律排列引起视觉上的韵律感觉。"韵律"一词本是用来表达诗歌的押韵、音乐的旋律、静态的形式在心理上产生的和谐感觉。它是节奏的升华，是美感的重要体现形式。节奏韵律体现在毛衫装饰艺术上的表现形式有重复、渐变、律动、回旋、起伏，无论哪种形式都必须建立在和谐、秩序、整体变化的基础上（图6-5）。

黄金分割比例　　　　　　　　　渐变比例　　　　　　　　　无规则比例

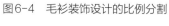

图6-4　毛衫装饰设计的比例分割

节奏　　　　　　　　　　　　　韵律

图6-5　毛衫装饰设计的节奏韵律

6.2.2.4　多样统一

多样统一是装饰设计中最为重要的法则之一。多样是装饰设计中丰富多彩的元素，但多样也必须适度，否则会造成杂乱无章的情况，给人以刺激、繁杂、不安的感觉。

统一是一切完美造型的原理。只有借助多样丰富又统一完善，才能增强毛衫装饰设计的趣味、活泼、生气，使服装面料再造的作品达到统一中有变化的效果（图6-6）。

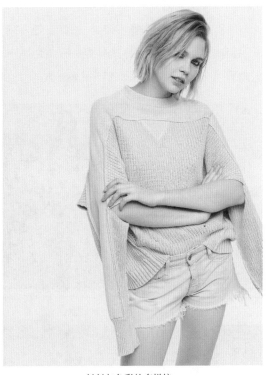

色彩与肌理的多样统一　　　　　　材料与色彩的多样统一

图6-6　毛衫装饰设计的多样统一

6.3 毛衫装饰设计要素

6.3.1　毛衫装饰风格

风格是指艺术作品的创作者对艺术的独特见解和采用与之相适应的独特手法所表现出来的作品的整体特色。它以独特的内容和形式统一为一定的特征，一个艺术家、一个流派、一个民族，都会形成并表现出一定风格。

毛衫的装饰风格是以毛衫为中心，以各种表现形式、装饰手法、装饰材料的风格为依据，融入设计师的创造性思维观念和表现手法，所形成的一系列设计特色。通过装饰设计的风格，毛衫可以充分地反映所处时代的特色、社会的面貌及民族传统的精神；反映针织材料和技术水平的最新特点和审美；同时还能反映毛衫的功能性与艺术性相结合的特点。

毛衫的装饰风格与毛衫的整体风格紧密相连。可以说，毛衫整体风格是其装饰风格的基础和依据，反过来，装饰风格则能强化毛衫的整体风格。

划分毛衫装饰风格的标准较多，不同的划分标准赋予毛衫装饰风格不同的含义和称呼。鉴于现代毛衫的市场和商业价值，可将毛衫的装饰风格划分为以下几类。

6.3.1.1 经典风格

经典风格的装饰设计具有传统服装装饰的特点，但整体体现出严谨而高雅的特征，一般不太受时尚潮流所影响。

（1）休闲风格

休闲风格的毛衫在穿着与视觉上都给人以轻松、随意、舒适的感觉。这类毛衫常见的装饰手法主要有：粗细针的变化；织物组织的变化；不同面料的拼接；条纹、格纹、菱形纹等几何图案设计；多种有彩色与黑白灰的组合设计、色彩的渐变设计等。（图6-7）。

| 粗针 | 细针 | 不同组织的组合 | 不同材料的拼接 |
| 条纹 | 菱形纹 | 格纹 | 渐变色 |

图6-7　毛衫装饰的休闲风格

（2）运动风格

运动风格是年轻人追寻时尚潮流的鲜明风格，这类风格的毛衫在装饰上通常借鉴运动装的设计元素。例如，运用不同形状的色块的分割；运用字母标语与色块或条纹的组合；运用拉链、商标装饰等，整体给人活泼、自由且富有节奏、韵律的感觉（图6-8）。

（3）波普风格

波普风格毛衫的装饰设计主要体现在色

色块分割

条纹组合

拉链

字母标语与色块交织

图6-8　毛衫装饰的运动风格

彩和图案设计上，色彩通常采用高纯度色和无彩色、高纯度配色、低纯度配色和无彩色配色等，给人活泼、轻松的感觉；图案则表现出趣味性、视觉感、韵律感及动感，将夸张的卡通、幽默的标语、报纸印刷图案、涂鸦、连环画或是肖像拼贴等具有代表性的波普"符号"，以具象或抽象的图案形式加以应用（图6-9）。

6.3.1.2　怀旧风格

怀旧风格的毛衫一般通过不断反复运用以前的流行元素，而成为现在时尚流行趋势，在整体设计中不断呈现出怀旧伤感而耐人寻味的感觉。

（1）哥特风格

哥特风格的毛衫整体设计效果夸张、另类，并带有明显的中性感。颜色搭配一般为红黑、全黑或黑白。装饰上常运用黑色的蕾丝或薄纱、皮革等与同色的毛衫面料相结合，或在毛衫面料上运用镂空等手法营造神秘、高贵和叛逆的感觉（图6-10）。

高纯度色和无彩色配色

高纯度配色

低纯度配色

图6-9

无彩色配色　　　　　　　　　　卡通　　　　　　　　　　标语

报刊文字　　　　　　　　　街头涂鸦　　　　　　　　　肖像

图6-9　毛衫装饰的波普风格

图6-10　毛衫装饰的哥特风格

（2）古典风格

古典风格是一种比较保守，不太受流行左右，追求严谨而高雅，文静而含蓄，以高度和谐为主要特征的服饰风格。这种风格的毛衫端庄大方，具有传统服装的特点，相对比较成熟，装饰设计也比较单纯、简洁、传统，常见的有刺绣、蕾丝、褶皱等形式（图6-11）。

（3）华丽风格

华丽风格的服装给人华丽、大气、夸张、气势、醒目的综合印象，这种风格的毛衫常运用复杂的元素进行设计，在装饰方面常运用烫钻装饰作为主要元素设计，或采用毛皮进行添加设计来体现华丽风格（图6-12）。

图6-11 毛衫装饰的古典风格

图6-12 毛衫装饰的华丽风格

6.3.1.3 国际化民族风格

国际化民族风格设计涉及民族、民俗的元素，在毛衫中体现了复古的气息。这种风格是依据中国和世界各民族毛衫的款式、色彩、图案、材质、装饰等进行设计的。

（1）北欧风格

北欧风格起源于斯堪的纳维亚半岛，是指欧洲北部国家挪威、丹麦、瑞典、芬兰及冰岛等国家和地区的艺术设计风格，具有简约、自然、人性化的特点。其装饰设计以几何图案为主，采用明艳、对比强烈的色彩，展示出北欧地区独特的民俗地域文化气息（图6-13）。

（2）波西米亚风格

波西米亚风格是一种融合多民族风格的现代多元文化的产物，整体给人以民俗情调和怀乡风情的感觉。这类风格毛衫的经典元素是荷叶边与流苏、镂空、刺绣、抽带与系带、手工钩编等；色彩多采用对比配色、无彩色与有彩色的调和配色两种形式；图案上常通过花卉、几何、随意、无序综合图案设计等体现毛衫的层次、韵律、繁复感和华丽感等（图6-14）。

图6-13　毛衫装饰的北欧风格

荷叶边　纯度对比　　　　　流苏　手工钩编　镂空　　　　　花卉　刺绣　色系组合

抽带与系带　明度对比　　　　　　几何图案　色相对比配色　　　　　几何图案　流苏

图6-14　毛衫装饰的波西米亚风格

6.3.1.4　前卫风格

前卫风格设计是艺术形态中具有激进性质的构成种类，给人另类的、独特的、时尚的、叛逆的、意想不到的、年轻的风格印象。

（1）解构风格

解构主义是后现代主义时期的设计探索形式，重视个体部件的本质，反对总体统一，给人无规则、非格式化、无序的感觉。毛衫的解构手法包括风格的重塑，结构造型的拆解重组，色彩与图案原秩序的重新组合，组织针法的肌理重组，以及对毛衫面料的再加工、运用特殊的或新型的毛衫面料等，使毛衫整体产生丰富的视觉肌理和触觉肌理效果（图6-15）。

风格重塑　　　　　　　　　　　廓型解构　　　　　　　　　　内结构拆解重组

图6-15

部件解构　　　　　　　　　　面料加工　　　　　　　　　　肌理重组

运用有彩色与无彩色对比　　　　运用色彩解构　　　　　　运用图案解构

图6-15　毛衫装饰的解构风格

（2）立体风格

立体风格是前卫艺术运动的一个流派，它主要追求的是几何形体以及形式的排列组合所产生的美感。毛衫的立体装饰风格设计主要表现在造型、面料设计以及添加装饰物等方面。其中在造型上，可以通过堆积、扭转、添加、穿套、编结、褶饰、荷叶边及卷边等多种方法，体现出整体夸张感、立体感及体积感。在面料上，可以通过凹凸、镂空、花色及多种组织结合的肌理设计，体现出肌理感、强弱感及雕塑感（图6-16）。

6.3.2　毛衫装饰形态

6.3.2.1　点状构成

毛衫中起装饰作用的点主要有纽扣、点状花型图案、点状组织结构以及点状装饰品等。这些点以面为基础，在毛衫中起着重点装饰、散点装饰和线点装饰的作用，常用来

造型的堆积

材料编结扭转

荷叶边与镂空对比

夸张的组织结构

纱线形态与凹凸肌理结合

流苏与凹凸肌理结合

图6-16　毛衫装饰的立体风格

点缀毛衫或营造视觉中心（图6-17）。

在毛衫设计中恰当地运用点的功能，富有创意地改变点的大小、数量、位置、方向、排列形式、色彩以及材质等的某一特征，就会产生出其不意的艺术效果（图6-18）。

6.3.2.2　线状构成

毛衫中起装饰作用的线主要有拉链、镶边、流苏、绳带等装饰线；以印、染、织的图案装饰形式出现的图案线；以及项链、手链、挂件、腰带、围巾、包带等饰品线（图6-19）。

毛衫的装饰线与服装本身的结构无关，主要是为了进一步突出服装造型效果的特点和着装者美的体型。同时，通过这些装饰线与服装的整合，突出服装的风格特点，让简单的毛衫造型看起来更加美观活泼、精致时尚。

纽扣点

花型图案点

组织结构点

装饰物点

图6-17　毛衫的点状装饰

单点

视觉上的两点

多点

点排列成线

点成面

色彩协调

色彩明快　　　　　　　　　　异质不规则排列　　　　　　　　　　异质规则排列

图6-18　毛衫点状装饰的丰富样式

拉链线　　　　　　　　　　撞色镶边线　　　　　　　　　　流苏线

拉链线　　　　　　　　　　撞色镶边线　　　　　　　　　　流苏线

图6-19

| 手缝线迹 | 立体装饰线 | 组织结构线 |

图6-19 毛衫的线状装饰

毛衫装饰线从构成形式上还可以进一步分为线、点结合装饰，以点组成的虚线装饰，以线组成的多层次面饰和只用线的装饰四种类型（图6-20）。

6.3.2.3 面状构成

毛衫上的面是指按人体结构和活动的需要以及为了装饰作用而设计出的面块，由轮廓、结构线和装饰线对毛衫的不同分割形成。面的分割组合、重叠、交叉所呈现的平面又会产生出其他不同形状的面。此外，衣领、口袋等部件，也属于兼具实用与装饰的小块面。面的装饰分为"纯"面饰和以面为主结合点饰，以面为主结合线饰等，其装饰手段主要有色彩装饰、花型图案装饰、肌理变化（图6-21）。

在毛衫设计中，点、线、面的装饰不是孤立存在的，只有将点、线、面的装饰有机结合、协调运用，才能使毛衫产生新颖、别致的装饰效果。

| 线、点结合 | 以点组成的虚线 | 以线组成的多层次面饰 | 只用线的装饰 |

图6-20 毛衫的线饰的构成形式

结构的面　　　　　　　　　　衣领的面　　　　　　　　　　口袋的面

纯面饰　　　　　　　　　以面为主结合点饰　　　　　　　以面为主结合线饰

肌理变化的面　　　　　　　花型图案形成的面　　　　　　　材质形成的面

图6-21　毛衫的面状装饰

6.4 毛衫装饰设计的表现方法

6.4.1 灵感来源

毛衫的装饰设计主要体现在装饰图案、组织结构和添加装饰物的设计上。装饰图案包括花卉植物、动物、人物、建筑风景、字母文字,以及几何图案等;组织结构的变化主要取决于纱线、编织方法和编织技术;添加装饰物的装饰设计方法内容最为丰富,手法最为灵活。毛衫的装饰设计需要有不断的灵感激发,而灵感是设计者长期生活、经验积累、信息积累、资料积累的结果。在进行毛衫的装饰设计时,我们可以从以下几个方面寻找设计灵感。

6.4.1.1 他人经验

随着计算机和互联网的普及应用与通信技术的结合,社会彻底进入了信息化时代。借助互联网,我们随时随地都可以接收来自各方面的信息,这给我们借鉴及融合他人的设计思想、设计方法提供了极大的便利。电影、电视、报刊、时装发布会、专业资讯网站等渠道和平台上的信息,都可以成为我们的装饰设计素材。

6.4.1.2 民族服饰

在日益开放的现代社会,个性化、民族性的服饰风格受到很多人喜爱。民族习惯和审美心理的差异造就了不同国家和地区的民族服饰,是民族文化艺术的重要载体和表征,具有造型复杂、装饰品繁多、装饰性和审美性极强的特点。其丰富绚丽的色彩、独特的款式造型、意蕴深远的服饰图案、精巧绝伦的服饰工艺等是现代设计重要的灵感源泉。设计师应理智地把握各个民族的服饰文化元素,融合最新的国际流行趋势,创新性地开展毛衫的装饰设计(图6-22)。

6.4.1.3 自然生态

大自然是最好的灵感来源。自然生态千姿百态,蕴含丰富的万物,如山川、沙漠、海洋、天空、动物、人物、植物等。古今中外,许多艺术家、设计师长期致力于对自然

图6-22　灵感来源于民族服饰的毛衫装饰图案

界的观察和研究，探索着从大自然中汲取信息和美的规律，为自己的创作灵感寻找有益的启示。

　　在毛衫的装饰设计中，我们可以直接地对自然生态中某一种事物加以运用，如从自然界采集风景、花卉植物以及昆虫鸟兽等题材，将它们的具体形象转化为或平面或立体的图案。这类图案具有较亲切的感情色彩，一般用于装饰女装或童装（图6-23）。

　　我们也可以从具象的自然物质形态中抽象出概括性的形式来加以运用。例如，从自然界不同季节，从森林海洋等错综复杂的色彩中提取最能代表其特征的色组；将动物的毛皮花色概括成抽象的点、线、面图形；从沙漠和地平线中提取优美舒缓的曲线线型；从花瓣造型中提取荷叶边造型，或者从云朵、水波等变幻不定的自然形象中概括出各种抽象的线型等。

具象的风景图案　　　　　　　　具象的立体花卉　　　　　　　　具象的动物图案

图6-23　自然生态灵感的直接运用

抽象的图案引发的心理联想是间接的，但其图案在毛衫上体现的色彩秩序，点、线、面的节奏、韵律等，给毛衫带来了丰富的视觉效果（图6-24）。

6.4.1.4　姊妹艺术

根据表现材料和方式，艺术分为绘画、建筑、雕塑、电影、音乐、舞蹈等门类，它们在其自身的发展过程中都积累了大量的经验，塑造了丰富的艺术形式，而这些各自不同的创作经验和千姿百态的艺术形式又都有着共同的艺术创作规律。

艺术都是相通的，服装设计不可能脱离其他艺术孤立地发展，如果不通过借鉴和模仿来获取新的设计元素，灵感迟早会干涸。毛衫设计也一样，从艺术表现形式上也应该多从姊妹艺术汲取营养。例如，绘画中的线条与色块、音乐中的节奏与韵律、建筑的尺度、比例、质感、空间、色彩、组合等元素，都可以成为毛衫装饰设计的重要灵感来源（图6-25）。

大地色彩提取与组合　　　　　　海洋色彩提取与组合　　　　　　动物形象的局部抽象

抽象花瓣　　　　　　　　　　彩虹渐变　　　　　　　　　水波的抽象线型

图6-24　自然生态灵感的抽象提取及运用

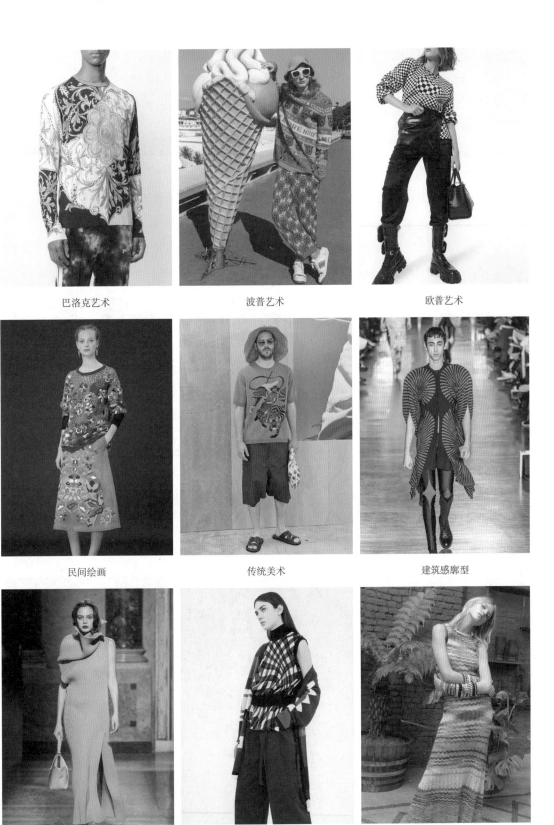

巴洛克艺术　　　　　　　波普艺术　　　　　　　欧普艺术

民间绘画　　　　　　　传统美术　　　　　　建筑感廓型

建筑灰在毛衫上的运用　　　　音乐节奏　　　　　　音乐韵律

图6-25　灵感来源于姊妹艺术

6.4.1.5　高新科技

创造新技术、利用新技术是人类进步的必然结果，毛衫设计在很大程度上依赖于科技的进步和发展。毛衫设计上的高新技术主要体现在新材料、新技术和新工艺几个方面。

3D WholeGarment全成型技术是未来针织趋势的重要元素，如图6-26所示：3D结构越来越像计算机生成图像的像素和分形那样精确，现代毛衫的结构与人体结构之间具有更高的贴合度，图案的分割也更符合人体结构的起伏转折。

附加科技功能性是未来针织提花面料的主要发展方向。随着针织加工设备技术的不断提升，针织提花面料越来越多地借鉴机织面料的织造工艺和花型，仿机织外观的毛衫更轻薄、更柔软，也更保暖。如今，针织提花技术已经实现多种提花和复合提花等功能，可编织多种花色组织（图6-27）。

著名的纱线品牌德国南毛（Südwolle Group）采用Naturetexx® Plasma等离子

图6-26　3D结构面料在毛衫中的运用

图6-27　新针织加工设备技术对毛衫提花组织设计的影响

技术，推出经典运动纱线Yarn In Motion系列，加上圆形一体机的推广和毛衫全成型技术的发展，针织类运动服受到越来越多品牌的欢迎；国际羊毛局推出了不需要任何化学处理就可以达到防风防水效果的美丽奴羊毛针织面料，可用于制作外套等。这些新型面料使毛衫的适应面更广泛，毛衫的外观装饰效果也更为丰富（图6-28）。

图6-28　高新科技推动运动毛衫的发展

6.4.2　工艺手段及效果

装饰设计是现代毛衫设计的重要环节，其装饰手法包括机织和手工，装饰工艺则涉及多种，如创新组织、抽褶、色织、印花、刺绣等。归纳起来，毛衫装饰工艺主要有利用织物组织结构变化装饰毛衫的工艺，通过花型图案装饰毛衫的工艺，通过添加装饰物装饰毛衫的工艺，以及后整理工艺等，不同的装饰工艺体现出不同的装饰效果。毛衫的装饰效果主要体现在面料肌理的塑造上，强调面料的肌理美是现代毛衫的审美特征之一，它丰富了现代毛衫设计的表现能力，使毛衫简洁的外型变得层次丰满，设计内涵丰富，突显了毛衫的风格特色。

毛衫的面料肌理包括触觉肌理和视觉肌理。触觉肌理是指通过接触能感知到的肌理，织物组织变化是实现毛衫触觉肌理创新效果的重要手段；视觉肌理是指不需要通过接触，直接通过眼睛就可以感知到的肌理，毛衫的视觉肌理主要通过色彩、图案的装饰变化来实现。而在织物组织变化以及花型图案变化的基础上，有机地结合添加装饰物的工艺，则使毛衫呈现出丰富多变的综合的视觉和触觉感受。

6.4.2.1　织物组织变化产生的装饰效果

不同的组织会表现出不同的织物肌理和服饰风格，利用组织结构的变化来对服装加以装饰是毛衫装饰的比较显著的特点。如第四章所述，普通的毛衫组织有平针、罗纹、双反面、移圈、集圈、抽条、波纹、空气层等。其中平针、罗纹、双反面、绞花、挑孔，以及波纹等组织较易呈现凹凸、条纹、波浪、镂空等丰富多彩的触觉肌理效果。

（1）纬平针组织的肌理效果及运用

纬平针组织的表面较平滑，花纹效应不是很明显，但也可以通过一些特定的手法产生不同的肌理效果。纬平针组织的肌理效果一般可以通过如图6-29所示的几种方式产生变化。

（2）罗纹组织的肌理效果及运用

罗纹组织是针织生产中最常见的组织结构，由于产生了条状效果而具有丰富的肌理变化。罗纹组织的线条自然舒展、纹理相对比较细腻，一般用在毛衫的领口、袖口、下摆等边口位置。现代毛衫也常在衣片上利用宽窄不同的罗纹组合，产生活泼跳跃的节奏感，或者不同方向的线条相互穿插组合，产生较强的韵律感（图6-30）。

（3）绞花组织的肌理效果及运用

绞花组织是移圈类组织的一种，是通过相邻线圈的相互移位而形成的，根据选择纱

衣身运用单面纬平针组织的反面作为毛衫的正面，与领口、袖口的正反针罗纹形成肌理对比，服装整体呈现粗犷、随意的肌理效果

衣身利用正反面不同光泽以及视觉上的凹凸效果，达到明与暗、光洁与粗糙的对比效果

在单面纬平针的基础上，局部利用粗细不同、形态不同的纱线，产生凹凸和虚实对比的效果

利用纬平针组织的卷边性，使毛衫的领口、袖口、门襟、下摆等边口部位自然翻卷，产生特殊的立体效果

运用双层组织形成凸条效果，用于衣身的分割线或者装饰线

用少量的双层纬平针织物可以形成无缝管状条带，应用于毛衫的系带或腰带等附件设计

在领、袖、口袋、商标等部位，运用双面纬平针与单面纬平针的厚度差异产生的视错现象，呈现"发泡印"的立体视觉效果

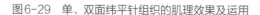

图6-29　单、双面纬平针组织的肌理效果及运用

线粗细的不同以及移位线圈数目的差别，绞花所产生的效果也不同。纱线越粗，位移线圈数目越多，绞花扭曲的效果就越强烈，风格效果越强。绞花组织一般运用于毛衫的衣身、衣袖等部位，常和平针、罗纹等组织搭配使用，产生丰富的肌理效果（图6-31）。

从下摆到衣身，通过罗纹的宽窄变化，突出运用罗纹反针形成的凹线的装饰效果

在毛衫衣身上运用不同方向的罗纹凹凸条纹，起到视觉引导作用，突显服装的流线动感效果

图6-30　罗纹组织的肌理效果及运用

绞花的融入令毛衫手感软糯厚实，凹凸立体的花纹与边口罗纹组织形成曲直、厚薄、动静对比，为纯色、平整的毛衫增添了层次感

粗细相融合，横向、纵向、斜向穿插的绞花令平整的毛衫表面呈现强烈的装饰感

超大绞花在毛衫上形成视觉中心，除了呈现浮雕立体装饰效果，还使毛衫显得个性十足

细腻条感绞花肌理呈现的是微立体感，通过不同大小的绞花纹理组合，给人精致、优雅的感觉

图6-31　绞花组织的装饰效果及运用

（4）镂空组织肌理效果及运用

严格来说，镂空是一种设计手法，一种装饰效果。镂空设计在毛衫款式创新中最具特色，它具有透气、美观、轻薄、时尚的特点。镂空效果的成型工艺较多，除了利用移圈和集圈组织可以形成镂空外，利用抽针、脱圈、改变线圈长度、利用纱线粗细对比，以及利用收放针等方式也都可以形成镂空（图6-32）。

不同的镂空成型工艺可以表达出不同风格的装饰效果，如虚实效果、主次效果、功能效果以及图案效果等。虚实效果是指视觉上形成的一种虚实的肌理感和透视感，当毛衫的镂空组织与人体的肌肤相互叠交时能明显地被视觉捕捉到；主次效果是指当镂空织物的颜色与相叠的另一层织物颜色相近或相同时，所体现出来的主次关系；功能效果是指利用镂空方式形成的结构设计上的优化；图案效果是指利用镂空组织的排列来形成图案，常见的镂空图案有几何图案、自然图案

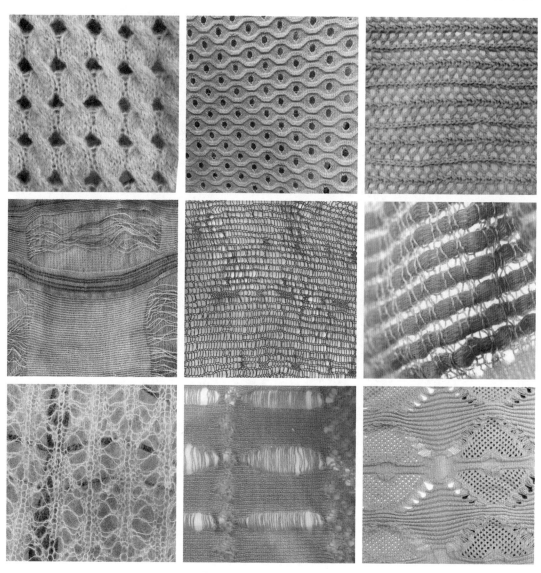

图6-32　常见镂空组织效果

以及各类自由图案。

图6-33是不同镂空手法的装饰效果及风格运用。

（5）波纹组织的肌理效果及运用

波纹组织又称扳花组织，具有浪漫甜美、精致洒脱等多变的风格（图6-34）。

（6）复合组织的肌理效果

毛衫的组织设计中，除了单个组织直接运用，还可以通过两种或两种以上组织结构的变化和组合设计来表现毛衫的肌理效果，这种组织称为复合组织。

不同组织组合的节奏不同，会产生不同的肌理装饰效果，毛衫的风格和外观效果也随之产生变化。目前生产中应用较多的复合组织多由平针、罗纹、集圈、移圈、波纹等组织相复合而成（图6-35）。

6.4.2.2 花型图案产生的装饰效果

毛衫的图案及其图案组合设计所呈现出来的整体效果是影响毛衫整体风格的重要因素之一，具有轮廓清晰、色彩分明和肌理效

镂空组织结合不同的图案，给人轻盈、凉爽的装饰美感，也在织物与肌肤之间形成明显的虚实效果

衣服和裙子重叠部位因为有了镂空组织，而使衣身的图案更为突出，达到主次分明的效果

镂空部分位于手臂肘关节处，一定程度上实现了服装设计的功能性，同时也不乏美观和个性的视觉效果

镂空组织表现的几何抽象植物图案，具有规整、秩序的装饰感

镂空组织结合满版的几何排列，使毛衫外观简洁有力，具有较强的品质感

自由的镂空形式，黑白色的对比，使毛衫具有醒目、个性的装饰效果

简洁有力的镂空组织，结合毛衫造型的解构设计与强烈的黑白色对比，营造出前卫个性的装饰风格

镂空组织与超细黏胶纤维混纺纱结合，使毛衫具有蕾丝般性感、精细的视觉效果，营造出古典的装饰风格

图6-33　镂空组织的装饰效果及风格运用

波纹组织的肌理呈波纹状，具有明显的凹凸效果，适合毛衫衣身和袖身的整体装饰

图6-34　波纹组织的装饰效果及运用

图6-35　复合组织的装饰效果

果明显的特点，能准确表达设计师的创作理念和设计意图，也是消费者选择毛衫产品的重要依据。

综合考虑图案的组织结构、色彩搭配和工艺手段等因素，我们可以将毛衫的花型图案分为条纹图案、菱格图案、方格图案、千鸟格图案以及提花图案五大类。

（1）条纹图案

条纹是毛衫表现个性的重要设计语言之一，可以在编织过程中产生各种视觉错落效果的几何纹样，赋予毛衫独特的魅力。从工艺手段方面，毛衫的条纹可分为三种：由不同颜色的相同线圈结构单元组成的色彩条纹，由一种颜色的纱线，按形状、大小或排列不一的结构单元组成的结构条纹，以及把色彩和结构相组合同时形成的色彩结构条纹（图6-36）。

从图案的表现形式方面，毛衫的条纹包括横向条纹、斜向条纹、纵向条纹、波浪形条纹、不规则条纹和条纹的变形等。加上不同的工艺，看似简单的条纹图案实则可以呈现出异常丰富的效果。图6-37是一些常见的毛衫条纹图案。

除了以上常见毛衫条纹图案外，还有一些条纹比较特殊，由某些具体的形象如十字型、千鸟格、几何图形等排列构成（图6-38）。

毛衫条纹的外观效果主要取决于条纹的色彩搭配和条纹宽窄、形态的变化。色彩的变化可以采用色纱或不同原料纱线交织，或者应用花色纱线形成不规则的色彩条纹，以及用印花工艺来实现毛衫的条纹。其中，印花工艺的条纹在毛衫中较为少见。

（2）菱格图案

菱格图案是几何图案的一种，泛指具有菱形格子样式的图案，在毛衫图案中较为常见。从构成形式上看，毛衫中的菱格图案通常可分为单独菱格图案、二方连续菱格图案和四方连续菱格图案三种。

单独的菱格图案一般用于装饰胸口、背部等毛衫局部（图6-39）。

二方连续的菱格图案通常用于领边、胸前、门襟、袖口、下摆等作为点缀装饰。因装饰的部位不同，二方菱格又分为横式、纵式以及斜式二方连续（图6-40）。

四方连续菱格图案通常用于胸前或下摆

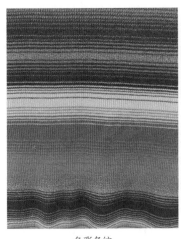
色彩条纹

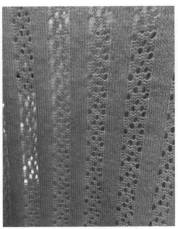
结构条纹

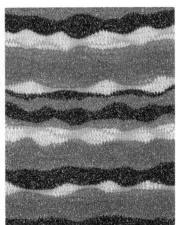
色彩结构条纹

图6-36　不同成型方式的毛衫条纹

色织横条纹

色织竖条纹

色织斜条纹

组织横条纹

组织竖条纹

组织斜条纹

色纱横条纹

染色工艺横条纹

染色珠绣组合横条纹

组织色彩组合波浪条纹　　　　　　不规则条纹　　　　　　　　　对折条纹

图6-37　常见毛衫条纹图案

十字横条纹　　　　　　　　千鸟格横条纹　　　　　　　　几何条纹

图6-38　特殊的毛衫条纹图案

图6-39　单独菱格图案

等大面积部位，甚至通身运用。四方连续的菱格纹又分为满底、混底、清底三种编排格式（图6-41）。

　　毛衫上的菱格图案表现形式非常丰富，首先，可以通过对菱格图案中斜线格的大小和间隔的变化、色彩搭配以及重叠排列、错位排列等不同形式的排列组合方式而形成不同的外观装饰效果；其次，毛衫的菱格图案也常与其他花卉植物、人物、动物等组合，利用具象图案与抽象图案的对比，形成新颖而有趣的装饰效果；最后，毛衫上的菱格图案还可以通过针法工艺手段来实现（图6-42）。

（3）方格图案

　　方格图案是由横线和竖线相交形成方格并连续排列而形成的几何图案，随着近些年

 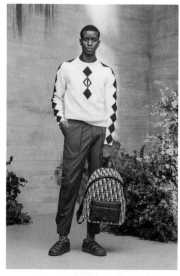 

图6-40　二方连续菱格图案

满底格式的菱格常利用图案的线、面层叠追求图案的丰富与多层次

混底格式的菱格图案与底的面积大致相同，疏密适中而显得毛衫富于变化

清底格式的菱格图案面积小而底的面积大，花形稀疏，图底关系分明

图6-41　四方连续菱格图案

菱格渐变　　　　　　　　撞色菱格　　　　　　　　菱格重叠

错位菱格　　　　　　　　菱格解构　　　　　　　　菱格与花卉

菱格与人物组合　　　　　　菱格与动物组合　　　　　　针法菱格

图6-42　毛衫菱格图案的不同表现形式

复古风的回潮，方格图案已经成为经典时尚元素中不可缺少的一部分。毛衫中的经典方格图案包括苏格兰格纹、维希格纹、棋盘格纹以及窗型格纹等（图6-43）。

①苏格兰格纹。在1700多年前出现于苏格兰高地，是最具知名度的方格图案，其

基本色为黑、白、红、黄、绿、深蓝六种，图案由底色加至少两色，最多六色的条纹交织组合而成。

②维希格纹。源于法国，由两个颜色的线交错织成。由于两色重叠的部分会呈现深色，所以维希格纹实质上共有三种颜色，呈现出独特的层次感。

③棋盘格纹。其元素源自国际象棋的棋盘，一般是由两种颜色组成的正方格，交错放置，立体感十足。它比较容易与维希格纹混淆，但维希格的方块更小，且有深浅纹理，而棋盘格的方块更大，色块对比也更强烈。

④窗格纹。也叫玻璃格纹，是由两条平行细纹横竖交叉形成的像窗框一样的大方格。窗格纹一般由两、三种颜色组合，单线条格纹非常简洁利落，具有强烈的现代感。

苏格兰格纹　　　　　　维希格纹　　　　　　棋盘格纹　　　　　　窗格纹

图6-43　毛衫中的经典方格图案

格纹是多年来的经典花纹，在近代时尚界，方格图案不再拘泥于传统正式、优雅的印象，各种带有复古风潮的款式多变、形式混搭，经典又富于变化的翻新设计相继登场。新的方格图案也不再拘泥于单一呈现，多种方格图案相结合，或方格图案与条纹、菱格、兽纹、织物花卉等其他图案元素相结合，塑造了丰富的视觉效果（图6-44）。

将苏格兰格纹的一个图案单元放大作为主体图案，具有夸张、醒目的特点　　　将窗格纹的单线条变为双平行线，保留其现代感的同时视觉效果更丰富　　　解构传统的棋盘格，再从大小和色彩变化等方面进行重组，更具现代感

以全新的色彩搭配演绎传统维希格纹，打破其清新浪漫的刻板印象

方格图案上叠加气孔工艺的镂空肌理，形成点、线、面综合的视觉效果

棋盘格的变化与花卉的组合，形成具象与抽象、有彩色与无彩色的对比

通过亮片等工艺效果点缀平面化的格纹单品，加深毛衫的量感与质感

方格图案与菱格图案、几何条纹图案的拼接，使毛衫更具个性与活力

棋盘格变化后的排列组合，造成空间和运动的视错觉，使毛衫动感十足

图6-44　方格图案的创新及装饰效果

（4）千鸟格图案

千鸟格起源于威尔士亲王格，也称格伦格，是19世纪、20世纪英国贵族最爱的粗花呢图案。其形态是一种犬齿织纹，因为图案像无数只飞鸟整齐的排列在一起，因此被称为"千鸟格"。千鸟格图案兼具古典和时尚的双重属性，既有典雅、优雅的一面，又有俏皮的现代感和时尚度，是当代经典的设计图形元素之一。经典的千鸟格图案以简单的组织与配色相结合产生，由于组织变化与色纱排列方式不同，图案呈现出不同的形状、大小、明暗和动感，但在变化中又极具韵律规则（图6-45）。

由于服装成型方式的特殊性，毛衫上的千鸟格图案分布比机织服装上的更加灵活，可以根据设计的需要安排在任意需要的部位，既可满版分布，也可以局部运用（图6-46）。

从毛衫图案设计的角度，千鸟格的外观效果主要是配色、造型、纱线、组织结构和工艺等要素的综合体现，其创新设计也从这几个方面展开（图6-47）。

①色彩搭配。最经典的千鸟格配色是黑白，也可以采取其他单一有彩色与黑或白色

搭配，很少有多个彩色同时出现的情况。但在近年的毛衫上，有将几组配色组合在一起的设计，塑造出不一样的休闲风千鸟格图案。

②纱线设计。在纱线的设计方面，千鸟格可以通过使用花式纱线或用花式纱线与常规纱线的组合来进行千鸟格图案的创新。

③造型创新。采取将千鸟格的造型拆解、重组，或结合图案的骨架变化进行变形设计，可以得到更时尚、更新颖的现代千鸟格图案。

④组织的设计。毛衫一般以提花组织实现千鸟格图案，呈现的是精致、典雅的风格，而以镂空等创新的组织重新设计的千鸟格则更加前卫、个性。

⑤工艺设计。运用拉毛等后整理工艺或珠片绣等装饰工艺，使千鸟格图案的触觉肌理和视觉肌理更加丰富，装饰感更强。

图6-45　常见的毛衫千鸟格图案

胸前运用　　　　　　　　前中两侧运用　　　　　　　　衣身前片运用

图6-46　千鸟格图案在毛衫上的运用部位

千鸟格的色彩创新　　　　　　千鸟格的色彩组合　　　　　花式纱与常规纱线组合

千鸟格造型拆解重组　　　　　　千鸟格形态变化　　　　　　　运用镂空组织

运用后整理工艺　　　　　　千鸟格与菱格的重叠　　　　　千鸟格与其他图案组合

图6-47　毛衫千鸟格图案的创新设计及运用效果

⑥综合设计。运用不同组织、花式纱线、不同图案以及流行配色等多种设计元素的叠加设计千鸟格，使服装呈现各种不同的风格，满足不同消费者的需求。

（5）提花图案

提花图案是指按照花型设计要求，配置不同颜色和性能的纱线，结合提花组织形成的图案。提花图案的花色效果是平面印花织物无法比拟的，是最能突出毛衫特色，决定毛衫产品外观、风格和性能的关键因素，具有题材广泛、形式自由、色彩丰富、花型逼真以及织物纹路清晰等特点，在毛衫设计中占有至关重要的地位。

①提花图案的组织分类。有单面提花和双面提花两类。单面提花组织是在单针床上形成的提花组织，可分为有虚线提花组织和无虚线提花组织两种，其中无虚线提花组织又被称为嵌花组织。双面提花在具有两个针床的织针机上编织而成，其花纹可在织物的一面形成，也可以同时在织物的两面形成。

相对于单面有虚线提花织物和双面提花织物而言，嵌花织物更轻薄，具有更好的弹性和延伸性，穿着更加舒适。另外，嵌花织物正面的花型图案更清晰，色彩更纯净，织物背面也更光洁平整（图6-48）。

但与提花组织相比，嵌花组织的形成过程需要更高的编织技术，尤其是色块的连接方式，因此在设计时应该尽量简化图案，突出对象的主要特征和本质部分，减少不同色块的镶接。

②提花图案的题材内容。大致可归纳为两大类：一类是具体的装饰形象，包括植物花卉、动物、人物、建筑风景、字母文字、器物等；另一类是抽象的装饰形象，如以

嵌花图案

双面提花

图6-48　毛衫提花图案的组织

方、圆、曲、直的线条和各类几何形状配合点线面的运用，表现节奏韵律的美。在具体运用时，常将种或两种以上的题材有机地结合起来运用（图6-49）。

③提花图案的组织形式。一般可分为单独图案、适合图案、连续图案三大类（图6-50）。

单独图案是指没有外轮廓及骨骼限制，可单独处理、自由运用的一种装饰图案。这种图案与所装饰的毛衫部位看似没有联系，但在整体上与毛衫款式和色彩是协调的。在设计时要注意外型的完整性和严谨性，避免松散零乱。

适合图案也属于单独图案的一种，但不同的是，它的图案形态必须安置在一定形状的空间内，整体形象呈某种特定的轮廓。适合图案的外形完整，内部结构与外型巧妙结合，常运用在毛衫的领、口袋、门襟、袖

植物花卉

人物

动物

器物

建筑风景

字母文字

图6-49

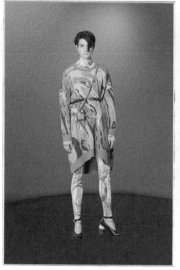

几何   抽象   综合题材

图6-49 毛衫提花图案的题材内容

单独图案   适合图案   二方连续图案   四方连续图案

图6-50 毛衫提花图案的组织形式

边、下摆边等处。

连续图案是根据一定条理与反复的组织规律，以单位图案作重复排列，构成无限循环的图案。由于重复的方向不同，一般分为二方连续图案和四方连续图案两大类。二方连续的单位图案向上下或左右两个方向反复连续循环排列，产生优美的、富有节奏和韵律感的横式或纵式的带状图案。四方连续的单位图案则向上下左右四个方向反复连续循环排列，这种图案节奏均匀，韵律统一，具有强烈的整体感。

二方连续图案在毛衫中应用很广，如在毛衫胸部一周、与胸部对应的袖窿一周、裙边等处都常采用二方连续图案构图。四方连续是最常见的提花图案，一般用于毛衫的衣身和袖身。

6.4.2.3 添加装饰物产生的装饰效果

除了直接利用织物的组织结构和花型图案来装饰毛衫外，还可以用间接添加装饰物的方法来丰富毛衫的装饰效果。常见的运用有刺绣、钉镶、烫钻、钩编、拼接等工艺，在毛衫上添加纽扣、流苏、花边、腰带、丝带等装饰物。

（1）刺绣

通常所讲的刺绣是指在织物或成衣上绣出花型图案的工艺，是一类比较常见的装饰手法，在毛衫装饰中也不例外。在毛衫上按照预先设计好的图案进行刺绣，形成相应的刺绣图案，可以起到点、线或面装饰的效果。

毛衫上的刺绣分为手绣和机绣两种。手工刺绣表现力强，具有花型生动，色彩柔和，绣工平整细腻等艺术特色，一般适合表现曲线的花型和图案。手工刺绣主要运用在毛衫的前胸、领口、门襟、袖口、下摆等部位。机绣针脚紧密整齐，刺绣速度快，相对于手绣的效率更高。但由于机绣有一定的密度和厚度导致机绣图案手感较硬，影响毛衫的弹性，所以不适合大面积装饰毛衫（图6-51）。

毛衫上可以运用的刺绣方法有很多种，从使用材料的角度可分为线绣、运用特殊材料的刺绣、在特殊面料上绣、在织物上运用其他面料表现花型图案等几种。

①线绣。毛衫上的线绣一般采用毛线、绒线、丝线和金银丝线等线材。常见的线绣针法有平绣、长短针、锁链绣、轮廓绣、十字绣、镂空绣、打籽绣、辫子绣以及立体刺绣等（图6-52）。

a.平绣是刺绣的基本针法，在毛衫装饰设计中较为普遍采用，绣的时候针脚齐而密，适合表现各种植物花卉图案。但要注意织物表面的虚线不能过长，否则穿着时易钩丝，洗涤后易变形。

b.长短针是一长一短相互间隔的针法。其外圈轮廓针迹齐整，内圈针距呈一长一短形状，用于图案的填充，可以大面积进行覆盖，如用不同颜色的线刺绣，可以绣出很好的渐变效果。

c.锁链绣顾名思义像锁链一样，也像一片接一片的花瓣，既可以绣线条或者花草的根茎，也可以做图案的填充。填充图案时一般称作锁链密绣，或者称作锁链填充绣。

d.轮廓绣与锁链绣一样，可以给某个地方描边、描轮廓，也可用于填满空白处。它是一种非常简单的刺绣针法，但可以演化出

手绣

机绣

图6-51　毛衫的手工与机器刺绣

平绣 长短针 锁链绣

轮廓绣 十字绣 镂空绣

打籽绣 辫子绣 立体线绣

图6-52 不同的刺绣针法在毛衫上的装饰效果

多种变化，比如渡线的方向可以不同，针距的大小可以变化，出针的斜度可以改变线条粗细等。

e.十字绣针法是根据毛衫的针路，以"X"型线迹为单位纵横交叉进行的针法，绣线的粗细可根据图型的繁简、疏密和织物的粗细厚薄来选择。近年来十字绣效果在毛衫中的应用呈现逐渐上升的趋势，一般选择简约大方具有现代感的图案做局部点缀使用。

f.镂空绣又称雕绣，是采用机绣的手法，刺绣后将图案的局部切除，产生镂空效果的技艺方法。多运用在春夏毛衫上，给人精致、优雅、清爽、浪漫的感觉。

g.打籽绣，也叫打子、打疙瘩、法式结。此针法可用于花蕊，也可独立用于花卉植物等图案。打籽绣图案具有微立体感，呈现类似浮雕的效果，且具有很强的实用性能，在女装毛衫图案设计时不仅可以满版运用，也可用于局部点缀，具有较强的可塑性。

h.辫子绣也是在毛衫上广泛应用的一种针法，按花型图案的要求在织物线圈上绣上其他颜色的毛线，覆盖线圈，形成图案。辫子绣的外观和提花的效果相似，线迹平整，其形态和单面纬编织物的正面相同。

i.立体刺绣是在流苏绣针法的基础上完成的，先使用流苏绣针法将图案填满，再用剪刀剪开流苏绣的线圈便可形成立体的图案效果。立体线绣一般由于绣制花卉、动物等图案。

②特殊材料绣。毛衫上的特殊材料绣可分为珠绣、绳饰绣、饰带绣等（图6-53）。

a.珠绣是将各种珠粒、珠片等用线穿合起来钉在衣物上的技艺。常见的珠粒和珠片材料有塑料、有机玻璃、木质、贝壳等。珠绣的装饰形象，就是由这些珠粒和珠片作点的串连组合而成，即以点为基础，用点连成线，以线铺成面。利用珠粒或珠片的形状、大小、色差、粗细、疏密以及方向等，构成不同的层次与花型图案，产生不同的装饰效果。

b.绳饰绣是指在面料上镶嵌绳状物来装饰服装的方法，其图案具有连续性和不间断

珠粒绣

珠片绣

综合珠绣

图6-53

| 绳绣 | 绳绣 | 绳绣 |

| 饰带（空气层织带）绣 | 饰带（蕾丝）绣 | 饰带（丝带）绣 |

图6-53 特殊材料的刺绣在毛衫上的装饰效果

性的特点。绳饰绣有很多可用的绳料，如金银绳、毛线、棉绳、珍珠带等，不同的绳带装饰可形成不同的风格，为毛衫带来了丰富的装饰效果。

c.饰带绣即将带状织物装饰于服装上的技艺。常见的材料有丝带和棉质织带等，不同的饰带装饰效果和风格各异。

③在特殊面料上刺绣。在特殊面料上刺绣预设的图案，再缝缀在服装上，是近年来流行的一种毛衫装饰手法。如图6-54所示，在轻薄柔软的网眼布上刺绣图案，然后将绣片缝缀在毛衫上，这种装饰手法既体现了图案的美感，也使所装饰的毛衫局部形成类似于蕾丝的虚实感。同时因为绣线与服装本身材料一致而比直接运用蕾丝面料更具有强烈的整体感，形成统一中又有丰富变化的装饰效果。

④在织物上绣缀其他面料来表现花型图

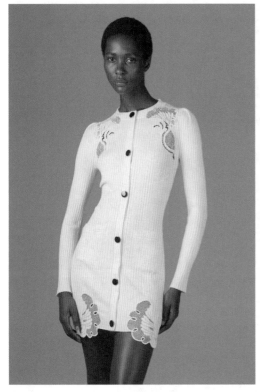

网眼绣

饰带（蕾丝）绣

图6-54　在特殊面料上刺绣的装饰效果

案。主要有贴布绣，贴布绣也称贴花绣、补花绣，是一种将其他布料剪贴绣缝在服饰上的刺绣形式。其绣法是按照所需的花型图案和色彩，采用针织、机织或皮革、裘皮等面料进行不同面积的分块贴布，组合成各种各样的图案，然后用机绣针迹或者手绣在贴布的交接处和图案周围进行锁边的方法。贴布绣的色彩鲜明，立体感强，花型变化容易。

现代毛衫上的贴布绣随着图案、材料和技法的变化呈现出丰富的装饰效果（图6-55）。

（2）手工钩编

手工钩编是一种采用不同型号的钩针将纱线钩编成线圈结构的工艺技巧。钩编工艺与机织工艺一样有其针法的变化，运用不同的针法可以形成不同的花型图案，很适合表

现镂空的艺术效果。其花型有自由花型和规则花型之分，自由花型是先设计好主要的单个花型，再设计它们之间的连接，使之组成一件毛衣，这种工艺常用于手工大花型钩编毛衣的设计中。规则花型是由一定宽度和长度的小花型重复组成，具有很强的规律性。

手工钩编工艺在毛衫上的装饰效果分为三种：第一种是整件毛衫运用钩编工艺；第二种是在毛衫的门襟、袖口或下摆等局部应用手工钩编工艺；第三种是用手工钩编工艺制作立体图案缝缀在毛衫上（图6-56）。

（3）褶饰

在薄型织物上制作褶的效果是毛衫常用的装饰手法。褶饰的形式包括"褶"与"皱"，在服装设计中，面料按一定规律折叠而形成的纹痕称为褶，面料因紧缩或揉捏形

图6-55　在织物上运用其他面料表现花型图案的装饰效果

图6-56　手工钩编的装饰效果

成的自然和随意的纹理被称为皱。

　　毛衫上的褶饰与机织服装的褶饰在外观上有一定的相似之处，但成型工艺存在一定的差异。毛衫褶饰的形成手段较多，主要包括利用针织物本身的结构、利用绳带抽褶、利用织物的扭转等（图6-57）。

（4）植绒和簇绒

　　植绒和簇绒可看成是一种加工类型的两种方法。簇绒为采用针刺法的针刺簇绒，其花型简洁，表面绒毛丰满，蓬松柔软，立体

| 利用平针组织和正反针组织之间的横向宽度差异来得到褶皱 | 利用收放针结合组织及表面处理制做褶，形成与机织服装类似的褶皱效果 | 借鉴机织服装褶皱制作的原理，利用毛衫的圆盘机缝合制作褶皱 |

图6-57

| 在毛衫的不同部位采用不同的针法，使之产生不同的密度差异，形成褶皱 | 在毛衫的边口部位设计空转边，穿入绳带抽缩，形成自然褶皱 | 在毛衫上通过将织物扭转形成褶皱，原理与机织服装的握手褶相同 |

图6-57　毛衫上不同褶饰的装饰效果

感强，适合较为厚实的秋冬款毛衫，可结合不同色块表达个性、年轻的风格。植绒为采用高压静电法的静电植绒，其绒面短密，能够达到细腻绒感的立体效果，复杂或者细线条的图形都可以直接应用，适用与轻薄的春夏款式，可通过纱线的疏密变化达到虚实对比效果（图6-58）。

6.4.2.4　染整加工产生的装饰效果

（1）染色

纺织品可以在纤维、纱线、织物及成衣等不同阶段进行染色。毛衫的染色主要包括纱线染色和成衣染色两种。传统的毛衫生产尤其是多色产品一般采用色纱成衫，其产品档次高，质量优良，但生产周期较长。毛衫成衣染色是先成衣后染色的生产方式，生产周期短，适用于小批量、多品种，深受企业的青睐。

①纱线染色。纱线染色是以纱线为对象的染色工艺，根据毛衫的原料类别以及纱线和毛衫的成型工艺，纱线染色方式主要分为以下几种：

a.针对纯毛纱线类的原毛片染色。先将原毛片分开染成不同的颜色，染色后再将原毛片混合，然后经过梳毛和纺纱等工艺制成毛纱。这种纱线织成的毛衫通常由几种色彩混合而成一个主色调，色彩既丰富细腻，又统一协调。

b.将染成不同颜色的纱线捻成一根纱线，再进行编织，这种纱线编织出来的毛衫有密布的混合色点效果，同时也能清晰地分辨出纱线多种色彩的混合效果。

c.将一种纱线分段染成几种颜色的方法，这种纱线织成的毛衫可以随机产生不规则的图形。有的毛衫在编织时，还会在纱线中加入亮丽的金线或者银线，以增加毛衫的色彩效果和华丽感（图6-59）。

植绒

簇绒

图6-58　毛衫植绒与簇绒的装饰效果

原毛片染色

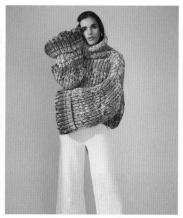

纱线染色（色纱混合）

纱线染色（段染）

色纱局部运用

段染

金属线混合

图6-59　纱线染色的装饰效果

②成衣染色。成衣染色是指对已经缝制成形的服装进行着色。由于成衣染色技术节省能源，而且可以对当前市场流行色作出迅速的反应，所以近年来这一技术越来越受到纺织、印染和染料厂家的关注。成衣染色的方法较多，如扎染、蜡染、吊染、拔染等，不同的染色方法赋予了服装不同的色彩感觉和艺术效果。经现代成衣染色工艺处理后的毛衫不仅色彩效果丰富，艺术感强，而且可以减少织物上的色花，缩水率也大为减少。同时，采用成衣染色，可以先织成一定款式的白坯毛衫，然后根据流行色的变化进行染色，可以实现以销定产，减少库存。

常见的毛衫成衣染色，除单色染色外，还可以采取段染、喷染等工艺分层染色，使服装产生不同色彩和形态的渐变效果。此外还可以采用扎染工艺，在毛衫上形成比较个性化的图案装饰效果（图6-60）。

（2）印花

毛衫印花是指在毛衫上直接印上图案的效果。印花毛衫具有花型多变、色泽鲜艳、图案逼真、手感柔软等特点，相比提花工艺更具优越性，因此越来越受到消费者的青睐。常见的毛衫印花工艺有平网印花、圆网印花、数码印花、拔染印花、防染印花、双面印花和涂料印花等。毛衫的花型图案大小不受限制，既可印制定位图案，也可印制连续图案，得到的花型线条清晰、鲜明。

近年来印花工艺逐渐回归大众视野，迷你满版的碎花图案和饱满艳丽的花卉、水果图案依然在毛衫上占据重要位置，但印花工艺在毛衫上的运用已不仅限于这些，开始出现场景绘画、手绘涂鸦等自由、随性、洒脱的印花图案，以满足不同消费者的审美需求。同时，也出现了将印花工艺与提花、刺绣等工艺综合运用的情况（图6-61）。

6.4.2.5 面料重组工艺

面料重组是指将多种不同材质的面料整合在一起，使原面料的视觉效果得以改变。其主要表现手法是用不同质感、不同图案的面料组合产生新的面料形态。这种手法表现在选用不同材质的组合搭配上，一般用对比

| 喷染 | 段染 | 扎染 |

图6-60 毛衫成衣染色的装饰效果

定位图案　　　　　　　　　　　细针印花　　　　　　　　　　　数码印花

涂鸦　　　　　　　　　　　　　手绘线稿　　　　　　　　　　　拔染印花

涂料印花（水浆）　　　　　　　　烫金　　　　　　　　　　　丝网印花

图6-61　毛衫印花的装饰效果

调和、比例分割、节奏韵律、多样统一的形式美方式，改变人们旧有的视觉习惯，寻求新的审美构成方式，将单调的面料整合重构。

（1）毛衫面料重组的表现形式

现代毛衫的面料重组表现形式多样，从形式要素和空间形态等角度主要分为线条重组、块面重组及立体构成三种表现形式（图6-62）。

①线状重组。线状重组是指通过一定的工艺手段将原材料以条状或带状的形式，通过黏合、缝纫、编织等方式进行不同程度的拼接设计。毛衫设计中的线状重组可以实现多种艺术与审美效果，为毛衫产品的艺术风格及塑造提供新的设计思路。

②块面重组。块面重组是指将不同色彩或质地的材料以块面的形式进行平面上的拼接或拼贴设计。经过拼接重组，不同块面之

线状重组

线状重组

面状重组

面状重组

立体重组

立体重组

图6-62　毛衫面料重组的表现形式

间的视觉与触觉肌理差异使形成的新材料产生丰富的视觉效果和肌理层次感，产生较强的视觉冲击力。

③立体重组。毛衫设计中的立体重组也称立体拼接、结构拼接，是指将不同的材料通过堆积、折叠、扭转、添加、穿套、编结以及变形等手段进行的三维造型设计。通过材料的立体重组，毛衫呈现出立体的外观与结构，体现整体夸张感、立体感及体积感。

（2）毛衫面料重组的材料组合与工艺方法

①材料组合方式。毛衫面料重组的材料组合主要有同质组合、异质组合、同色组合以及异色组合四种情况（图6-63）。运用相同质地、相同色彩的面料进行整合重构时，以增加面料肌理的丰富性与层次感为主，可以运用平面组合与立体组合两种方式。运用在质地、色彩上都有较大反差的材料进行毛衫的整合重构时，不同材料的对比具有强烈

的视觉冲击力，是材料对比最强的肌理组合。质地不同而颜色相同的材料对比则会形成细腻与粗糙、紧密与蓬松、阳刚与阴柔等对比形式美，其整合方法与异质材料的整合方法类似，通常形成雅致的视觉效果。用质地基本相同，但色彩各不相同的材料进行重组，若强调色彩明度、纯度的对比关系，则可产生较强的装饰效果。

②工艺方法。毛衫面料重组的工艺方法分为可拆式组合与不可拆式组合两种（图6-64）。可拆卸组合的结构设计一般从满足一衣多穿的功能需求出发，同时兼顾服装的装饰作用。不可拆卸的组合更为灵活多变，装饰效果也更强。

随着外衣化、时装化、个性化及多样化的发展趋势，现代毛衫将越来越注重外观肌理的装饰效果。与之相应的毛衫装饰设计也将越来越呈现个性化、多变的特征。

平面同质同色　　　　　　　　立体同质同色　　　　　　　　异质同色

图6-63

异质异色

同质异色

同质异色

图6-63　毛衫面料重组的设计方法

可拆卸重组

不可拆卸重组

图6-64　毛衫面料重组的工艺方法

1 毛衫局部装饰设计：毛衫衣领、衣袖、门襟、下摆等局部的装饰设计练习（每个部位各四种）。

2 毛衫图案设计：自拟风格和主题，设计一组图案并将图案应用在毛衫中。

3 毛衫综合装饰设计：综合运用所学的毛衫装饰设计方法与手段，完成一块针织小样的肌理和装饰设计。

参考文献

[1] 刘晓刚.品牌服装设计[M].4版.上海：东华大学出版社，2015.

[2] 丰蔚.成衣设计项目教学[M].北京：中国水利水电出版社，2010.

[3] 西蒙·希弗瑞特.时装设计元素：调研与设计[M].袁燕，肖红，译.北京：中国纺织出版社，2009.

[4] 沈雷.针织服装艺术设计[M].2版.北京：中国纺织出版社，2013.

[5] 卡罗尔·布朗.国际针织服装设计[M].张鹏，陈晓光，译.上海：东华大学出版社，2019.

[6] 张艳清.针织服装设计中服装形式美法则的应用分析[J].戏剧之家，2016（6）：270.

[7] 范君，杨勇.针织服装的造型设计[J].广西轻工业，2010，26（11）：96-97.

[8] 贺晓亚.毛衫风格设计影响因素与手法研究[J].服饰导刊，2018，7（6）：59-64.

[9] 邓小荣.浅谈针织服装的造型特点与发展趋势[J].大观周刊，2012（10）：27.

[10] 王变荣.毛衫细部造型设计[J].大众文艺，2011（24）：58.

[11] 赵静，张星，魏辉.毛衫的细节创新设计[J].针织工业，2010（11）：53-54.

[12] 金千姿，徐律.针织服装衣片造型设计方法初探[J].时尚设计与工程，2019（1）：1-5.

[13] 李熠.针织毛衫创新解构设计探讨[J].毛纺科技，2010（3）：43-48.

[14] 袁新林，徐艳华.毛衫的解构设计与工艺[J].毛纺科技，2011，39（9）：33-37.

[15] 曹怡，徐艳华.针织物组织肌理效应在毛针织服装中的应用[J].轻工科技，2015，31（2）：106-108.

[16] 董燕玲.基于消费者审美取向的毛针织服装色彩设计方法研究[D].杭州：浙江理工大学，2017.

[17] 沈雷，刘梦颖，姜明明，等.设计审美视野下的针织服装色彩探析[J].针织工业，2014（6）：64-67.

[18] 李菲，毛莉莉.传统毛衫图案的创新设计方法研究[J].针织技术，2019（2）：13-16.

[19] 原丽雅，毛莉莉，吕钊.北欧风格毛衫的图案设计特点[J].西安工程大学学报，2018，32（2）：163-167.

[20] 白雁飞.中西比较视角下我国羊毛衫装饰设计的原理及法则[J].四川文理学院学报，2020，30（2）：127-131.

[21] 李熠，徐艳华.现代毛针织服装装饰设计探析[J].毛纺科技，2016，44（7）：55-60.

[22] 张秀英.女式毛衫装饰工艺研究[J].轻纺工业与技术，2015（3）：46-47.

[23] 连燕，毛莉莉，郭蕾.材质拼接对毛衫设计风格的影响[J].上海毛麻科技，2012（1）：42-47.

附录 学生毛衫系列设计作品

    在完成毛衫的项目调研、主题规划、造型设计、色彩设计、装饰设计等实训任务的基础上，由学生自拟主题，进行毛衫的系列拓展设计，进一步夯实毛衫款式设计能力，培养创新精神。

跃动射线——服装（卓越）141班严庆美

仲夏夜之梦——服装（卓越）141班俞晓霞

蓝白之间——服装（卓越）151班虞淑锐

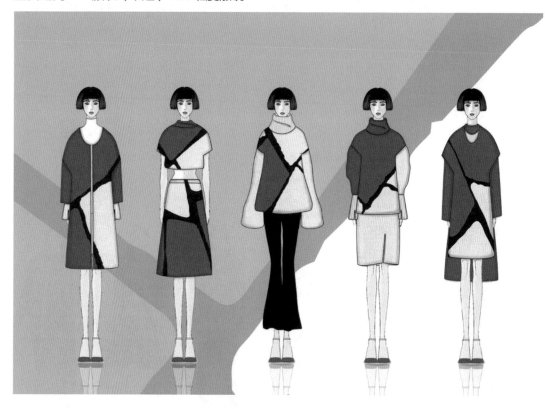

禁忌之恋——服装（卓越）151班刘欣蕾恋

Make Mistakes——服装（卓越）151班陈瑶

规矩——服装（卓越）151班宋婉芹

效果图与款式图

规　矩

设计说明：
主题是将民族风格的
纹样图案与针织服装
结合，并运用不同的
廓型来表现，突破规
矩的约束，展现不一
样的美。

华维——服饰151班祁泽宇

追溯——服饰151班欧阳希

神秘国度——服设172班孙妍

负重前行——服设172班尹俏琳

无问西东——服设171班张燕

无名——服设172班陈倩倩

界限之外——服设172班林钰滢

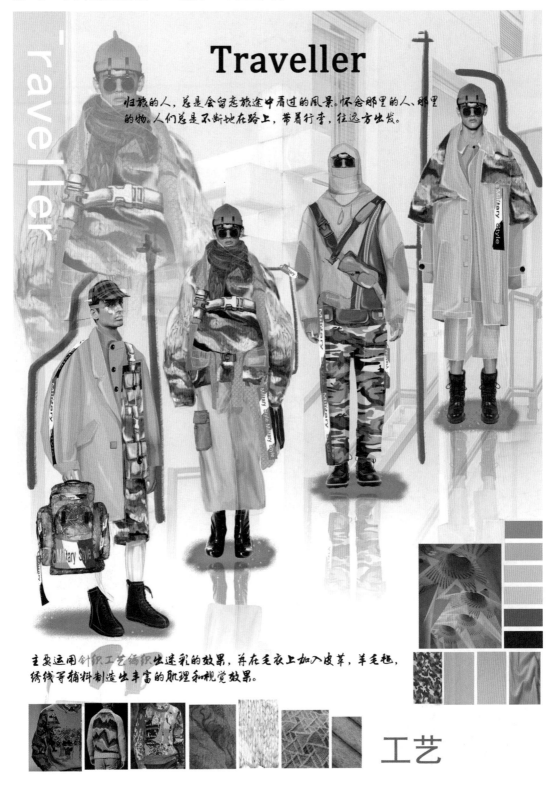

Traveller

归旅的人，总是会留恋旅途中看过的风景。怀念那里的人、那里的物。人们总是不断地在路上，带着行李，往远方出发。

主要运用针织工艺编织出迷彩的效果，并在毛衣上加入皮革、羊毛毡、绣线等辅料制造出丰富的肌理和视觉效果。

工艺

成衣系列设计——服饰171班杜芸芸

创意系列设计——服饰171班柴荟博

成衣系列——服饰172班汤雨涵

创意系列——服饰172班汤雨涵

重塑经典——服设182班李宇薇

创意色块——服设182班张昊敏

创意色块——服设182班许晨曦

青春不被定义——服饰181班蒋诗琦

拓展设计

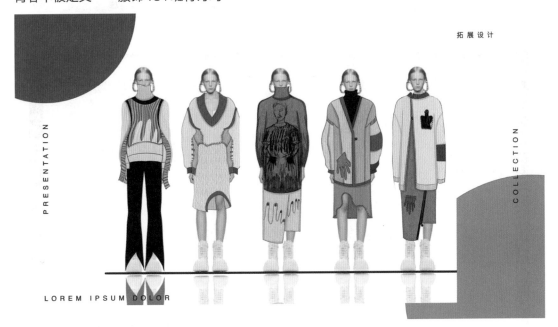

MOONLIGHT——服饰181班邵佳慧

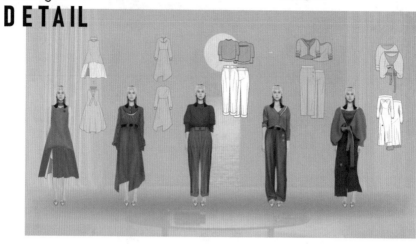

实用羊绒系列——服饰181班楼千婷

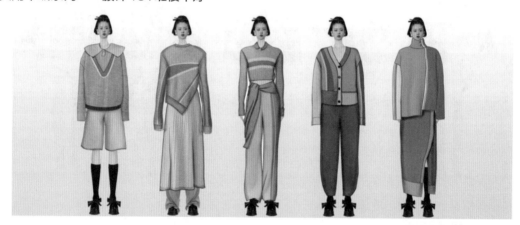

花"吃"了那女孩——服饰181班于侨

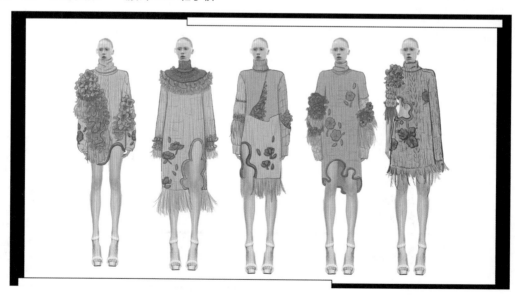

Women's voice——服饰182班吴梦迪

豌豆阿姨的菜篮——服饰182班施诗茹

Temperament Girl——服饰182班尹婷

舒适圈——服饰182班朱佳

系列拓展设计

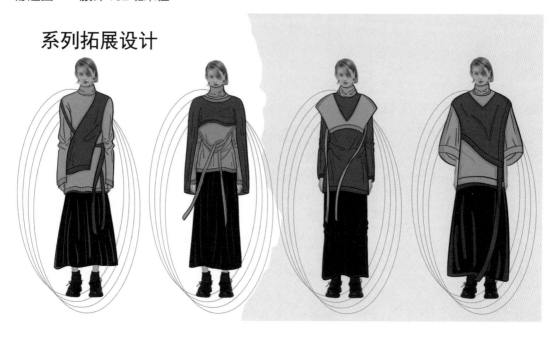